W0257569

Die
Elektrische Haustelegraphie
und die Telephonie.

Handbuch für Techniker, Mechaniker und Bauschlosser

von

L. Scharnweber.

Zweite umgearbeitete und vermehrte Auflage

von

Dr. Otto Goldschmidt.

Mit 111 in den Text gedruckten Holzschnitten.

Springer-Verlag Berlin Heidelberg GmbH 1887

ISBN 978-3-662-32429-5   ISBN 978-3-662-33256-6 (eBook)
DOI 10.1007/978-3-662-33256-6

Vorwort.

Auf Wunsch des Verfassers der ersten Auflage dieses Werkes, Herrn Scharnweber, habe ich die Bearbeitung der zweiten Auflage übernommen.

Die bedeutende Entwickelung und allgemeine Einführung der Haustelegraphen, wie die Einführung und Nutzbarmachung der Telephonie für private und häusliche Zwecke gerade seit dem Erscheinen der ersten Auflage bestimmten mich, diese umzuarbeiten, zu erweitern und die Grundsätze, die durch rationelle und praktische Erfahrungen bezüglich der Elemente, Apparate und Anlagen gewonnen wurden, ausführlich zu behandeln.

Benutzt wurden die seit 1881 erschienenen Handbücher von Schellen (VI. Auflage), Urbanitzky, Grawinkel, Canter, einzelne in Fachzeitschriften erschienene Aufsätze und die aus meinem vieljährigen Vertrautsein auf diesem Gebiete gewonnene Erfahrung. Der Verleger hat sich die vorzügliche Ausstattung dieses kleinen Werkes angelegen sein lassen, mir bleibt nur übrig, um eine wohlwollende und nachsichtige Beurtheilung meiner Arbeit zu ersuchen.

Berlin, im April 1887.

Dr. Otto Goldschmidt.

Inhalts-Verzeichniss.

I. Abschnitt.

Die Triebkraft.

II. Abschnitt.

Die Telegraphen-Apparate in Verbindung mit den Leitungen.

III. Abschnitt.

Die Telephonie.

I. Abschnitt.

Die Triebkraft.

Berührungs-Elektricität oder Galvanismus.

Werden verschiedenartige Körper, namentlich Metalle mit Flüssigkeiten in Berührung gebracht, so werden erstere sowohl wie letztere elektrisch, und zwar sind diese erregten Elektricitäten entgegengesetzter Natur, d. h. sie stossen sich gegenseitig ab.

Es werden verschiedene Metalle in derselben Flüssigkeit verschieden elektrisch und gleiche Metalle in verschiedenen Flüssigkeiten verschieden elektrisch.

Taucht man eine Zinkplatte in verdünnte Schwefelsäure, so heisst die Elektricität, die sich auf derselben anhäuft, negative (—) Elektricität, und diejenige, welche die Flüssigkeit annimmt, positive (+) Elektricität. Eine Kupferplatte, in dieselbe Flüssigkeit eingetaucht, wird ebenfalls — elektrisch und die Flüssigkeit wieder + elektrisch; jedoch ist die elektrische Erregung bei derselben eine viel schwächere, wie bei der Zinkplatte.

Fig. 1.

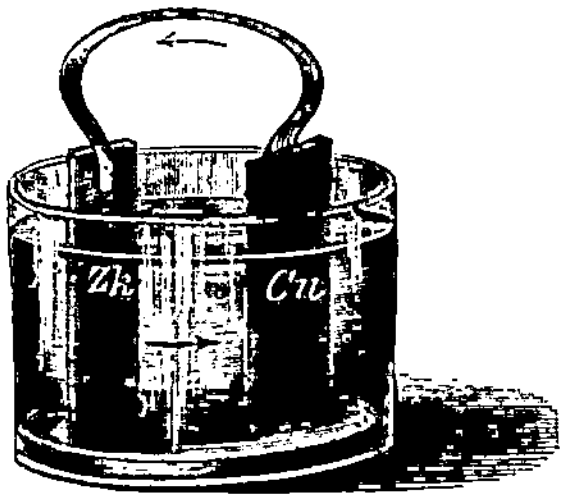

Werden zwei solche Platten, Kupfer und Zink, mit einander durch einen metallischen Leiter, wie Fig. 1 zeigt, verbunden, so gleichen sich die erregten Elektricitäten durch denselben aus; da aber die Erregung immer von Neuem stattfindet, so entsteht eine continuirliche Bewegung von Elektricität, welche man einen galvanischen Strom nennt; das Ganze ist ein galvanisches Element. Die Erregung der Elektricitäten findet an den Berührungsflächen der Metalle und der Flüssigkeit statt, und die Kraft, welche die erregten Elektricitäten von einander treibt, heisst die elektromotorische Kraft des Elementes. Den Vorgang im Element hat man sich folgendermassen vorzustellen:

Das Zink nimmt — Elektricität an, und die in der Flüssigkeit sich ansammelnde + Elektricität theilt sich auch dem Kupfer mit, das Kupfer nimmt aber auch durch Berührung mit der Flüssigkeit — Elektricität an, und die dadurch erregte, in die Flüssigkeit übergehende + Elektricität theilt sich auch dem Zink mit; würden nun beide Platten aus demselben Metall bestehen, so würde die Erregung beiderseits gleich stark sein und kein Strom entstehen; da dieselben aber ungleich stark sind, so findet eine Spannung der Elektricitäten statt, die der Differenz der Dichten derselben gleich ist; die Elektricitäten suchen sich ausserhalb des Elementes durch den metallischen Leiter auszugleichen, und diese Ausgleichung tritt ein in demselben Moment, in welchem der Leiter geschlossen wird. Spricht man von der Richtung des Stromes, so meint man immer diejenige des positiven Stromes; derselbe geht im Element vom Zink zum Kupfer und ausserhalb des Elementes vom Kupfer zum Zink. Positiver Pol des Elementes heisst dasjenige Metall, von welchem der positive Strom ausserhalb des Elementes in die Leitung fliesst, also in diesem Fall das Kupfer, und das entgegengesetzte Metall bildet natürlich den negativen Pol, also hier das Zink. Schaltet man mehrere solche Elemente in eine Reihe zusammen, so dass immer Kupfer und Zink mit einander verbunden werden, so erhält man eine galvanische Batterie.

Die elektromotorische Kraft des Elementes ist unabhängig von der Grösse der Oberfläche der Metalle; die Vergrösserung der letzteren hat nur zur Folge, dass sich die Dichte der Elektricitäten um die Vergrösserung der Pole verringert, was unter Umständen sehr erwünscht ist, wie später weiter ausgeführt werden soll.

Die unedlen Metalle werden, in verdünnte Schwefelsäure getaucht — elektrisch und die edlen + elektrisch. Ordnet man dieselben nun in eine Reihe, so dass die Metalle, die am stärksten + elektrisch und die, die am stärksten — elektrisch erregt werden, an den Enden derselben zu stehen kommen, so erhält man die elektrische Spannungsreihe:

+ Zink, Blei, Zinn, Eisen, Kupfer, Silber, Gold, Platin, Kohle, Braunstein —

· Die Vorzeichen der Spannungsreihe rühren von Volta her, der bei seinem sogenannten Fundamentalversuch, auf welchen hier nicht weiter eingegangen werden kann, fand, dass Zink in Berührung mit Kupfer ohne Anwendung einer Flüssigkeit positiv elektrisch und Kupfer negativ elektrisch wurde, dass also die Metalle andere Elektricitäten annahmen, wie bei der im Vorhergehenden beschriebenen Anordnung. Die Physiker sind sich über die richtige Bezeichnungsweise der Pole, ob + oder — noch immer nicht einig. Die Streitfrage soll hier nur kurz berührt werden, um Missverständnissen vorzubeugen. Die Bezeichnungsweise ist hier so gewählt, dass sie die Vorgänge im Element auch dem Laien möglichst klar erscheinen lässt. Es ist hier also die gebräuchliche Bezeichnungsweise der Vorzeichen in der Spannungsreihe beibehalten worden; dieselben sollen hier die Art der Elektricität andeuten, die vom Metall zur Flüssigkeit geht.

Je weiter die beiden Metalle, die man zu einem Element wählt, in der Spannungsreihe auseinderstehen, desto grösser ist die elektromotorische Kraft des Elements.

Der Durchgang des Stromes durch das Element ist stets von chemischen Vorgängen begleitet, ohne welche überhaupt kein Strom entstehen würde. Es wird immer am positiven Pol Wasserstoff und am negativen Pol Sauerstoff ausgeschieden; dieser Vorgang heisst die Elektrolyse; die der Zersetzung unterliegende Flüssigkeit nennt man Elektrolyt und die beiden Pole des Elements die Elektroden. Da nun bei allen Elementen der negative Pol durch Zink in verdünnter Schwefelsäure gebildet wird, so ist der chemische Vorgang hier immer derselbe; der entwickelte Sauerstoff bildet mit dem Zink und der Schwefelsäure Zinkvitriol, welcher in der Flüssigkeit aufgelöst bleibt; die Erregung von Elektricität hat demnach ein Ende, sobald alles Zink aufgelöst oder keine freie Säure zum Auflösen mehr vorhanden oder die Flüssigkeit mit Zinkvitriol gesättigt ist. Der Zinkverbrauch im Element ist stets proportional der Menge der entwickelten Elektricität, vorausgesetzt, dass die Säure nicht so stark ist, das Zink ohne Schliessung des Elementes aufzulösen, in jenem Fall entsteht noch ein Nebenconsum von Zink. Bei fast gesättigter Lösung tritt eine Zersetzung des Zinkvitriols ein, die Kupferplatte überzieht sich dann mit Zink, wodurch natürlich das Aufhören der Wirkung beschleunigt wird. Der Vorgang am positiven Pol ist bei den verschiedenen Elementen meistens verschieden; im vorliegenden Fall sammelt sich der Wasserstoff in Gestalt von Bläschen an der Kupferplatte, so dass nach einiger Zeit das Kupfer mehr oder weniger ausser Berührung mit der Flüssigkeit steht; es hat sich dann im Element gewissermassen ein neues Element, Wasserstoff-Zink gebildet, dessen Strom dem durch die beiden Metallplatten erregten entgegengesetzt ist; diesen Vorgang nennt man die galvanische Polarisation des Elementes. Je mehr nun die Polarisation zunimmt, desto schwächer wird der Strom, weil jetzt ja nur die Differenz zwischen dem Hauptstrom und dem Polarisationsstrome zur Geltung kommt. Mit der Schwächung des Hauptstromes nimmt aber auch seine Fähigkeit ab, die Polarisation hervorzurufen, die Stromstärke nimmt daher anfangs schnell, dann immer langsamer und langsamer ab, bis sie schliesslich auf ein Niveau gelangt, wo der Strom durch die Polarisation nicht mehr geschwächt werden kann; diese Stufe der Stärke ist aber beim vorhergenannten Element ziemlich niedrig, daher findet dasselbe auch nur beschränkte Anwendung und ist namentlich für die Haustelegraphie gar nicht zu gebrauchen. Bei den zum Telegraphiren benutzten Elementen sucht man die Polarisation zu vermeiden, indem man den positiven Pol mit sauerstoffreichen Substanzen umgiebt, die den Wasserstoff beim Entstehen sofort aufnehmen; dadurch werden dann zwar, ausser der Auflösung von Zink noch neue Zersetzungen im Element bedingt, aber man erhält dann auch einen Strom, der nur geringen Schwankungen unterworfen ist. Dieses sind die sogenannten constanten Elemente, deren Beschreibung später folgt.

Leitungsfähigkeit der Körper.

Die Körper besitzen eine sehr verschiedene Fähigkeit, die Elektricität durch sich hindurchgehen zu lassen oder wie man sagt zu leiten. Man theilt die Körper deshalb ein in Leiter, Halbleiter und Nichtleiter oder Isolatoren.

Zu den Leitern gehören die Metalle, Kohle und viele Flüssigkeiten, sowie alle Körper, die mit leitenden Flüssigkeiten getränkt sind.

Zu den Halbleitern gehören Papier, trockenes Holz u. s. w.

Isolatoren sind Wachs, Glas, Porzellan, Harze, Seide, Kautschuck und Gutta-Percha, Metalloxyde u. s. w.

Für die Reibungselektricität können unter Umständen selbst die Isolatoren zu Leitern werden, während für die Berührungselektricität auch die Halbleiter als Isolatoren gelten können. Nasses Holz muss aber unter allen Umständen zu den Leitern gezählt werden, ebenso nassgewordene Umspinnung von Drähten, wenn dieselbe nicht mit isolirenden Substanzen getränkt ist.

Die Körper setzen dem Durchgange des elektrischen Stromes einen gewissen Widerstand entgegen, und dieser Widerstand gilt als Mass der Leitungsfähigkeit der Körper; es ist daher in der Technik auch stets nur die Rede vom Widerstand der Leiter.

Die Leitungswiderstände der Metalle sind, Kupfer gleich 1 gesetzt:

Kupfer	=		1
Zink	=	ungefähr	3,50
Messing	=	,,	3,75
Eisen	=	,,	5,75
Platin	=	,,	6,50
Blei	=	,,	9
Neusilber	=	,,	11,50
Quecksilber	=	,,	40

Die Leitungswiderstände von Flüssigkeiten sind sehr viel grösser. Destillirtes Wasser leitet den Strom ausserordentlich schlecht.

Zu Leitungen in Häusern verwendet man in der Regel wegen ihres geringen Leitungswiderstandes und ihrer Schmiegsamkeit mit Gutta-Percha und Baumwolle isolirte Kupferdrähte; zu grösseren Leitungen im Freien bedient man sich der verzinkten Eisendrähte; wenn auch der Widerstand derselben bedeutend grösser ist, als der der Kupferdrähte, so sind sie doch viel billiger und besitzen eine viel grössere Festigkeit, was, da diese Drähte in der freien Luft ausgespannt sind, durchaus erforderlich ist, weil sie einer viel grösseren Spannung und auch grösseren Temperaturschwankungen unterworfen sind.

Der Leitungswiderstand der metallischen Leiter nimmt mit der Erhöhung der Temperatur etwas zu, während der Widerstand der Flüssigkeiten mit der Zunahme der Temperatur sehr abnimmt; nur der letztere Fall ist für die Haustelegraphie von Bedeutung.

Der Leitungswiderstand von Drähten und Flüssigkeitsschichten ist proportional ihrer Länge, und umgekehrt proportional ihrem Querschnitt, d. h. ein Draht, der doppelt so lang ist wie ein anderer, hat auch den doppelten Widerstand, und ein Draht, der den doppelten Querschnitt hat wie ein anderer, hat nur den halben Widerstand. Man muss also, wenn man bei Leitungsdrähten von verschiedenem Metall und gleicher Länge dieselben Widerstände haben will, den Drähten verschiedene Querschnitte geben. Z. B. bei der Wahl von Kupfer- und Eisendraht müsste in diesem Fall der Eisendraht einen ungefähr 6 mal so grossen Querschnitt haben wie der Kupferdraht, um ebenso gut zu leiten wie letzterer.

Als Mass für die Leitungswiderstände wählte Siemens den Widerstand, den ein Quecksilberprisma von 1 m Länge und 1 ☐mm Querschnitt dem Durchgange des Stromes bei 0° Cel. bot. Quecksilber wurde aus dem Grunde anderen Metallen vorgezogen, weil es am leichtesten vollkommen rein herzustellen ist, einen grossen Leitungswiderstand besitzt, und der letztere bei Temperaturschwankungen weniger verändert wird als wie bei anderen Metallen. Diese beiden letzteren Eigenschaften hat übrigens das Neusilber mit dem Quecksilber gemein, weshalb das eigentliche Normalwiderstandsmass aus Quecksilber und Copien davon in der Regel aus Neusilber hergestellt werden. Dieses allgemein gebräuchliche Mass nennt man eine Siemens'sche Widerstandseinheit, kurz S. E.

Ein Vergleichungsmass, hergestellt in S. E. heisst Rheostat; es werden dazu gewöhnlich auf Spulen gewickelte, übersponnene Neusilberdrähte verwendet.

Fig. 2 stellt einen Rheostat von Siemens & Halske in Berlin dar, der die Widerstände von 0,1—5000 S. E., in Summa 10,000 S. E. enthält. Die Deckplatte von vulkanisirtem Kautschuck trägt 2 Reihen von Messingklötzen, die durch Messingstöpsel so verbunden werden können, wie die Figur zeigt. Unter der Deckplatte sind soviel Spulen angebracht, wie Widerstandsmasse vorhanden; die letzteren bestehen aus Spiralen von übersponnenem Neusilberdraht. An jedem Messingklotz sind 2 Drahtenden von je 2 benachbarten Spulen befestigt, so dass, wenn alle Stöpsel herausgezogen sind, der Strom bei Einschaltung des Rheostats in einen Stromkreis alle Neusilber-

drähte hintereinander durchlaufen muss; werden alle Stöpsel eingesteckt, so geht der Strom fast ganz durch die Messingtheile des
Rheostats, und der Widerstand derselben ist fast gleich 0. Durch

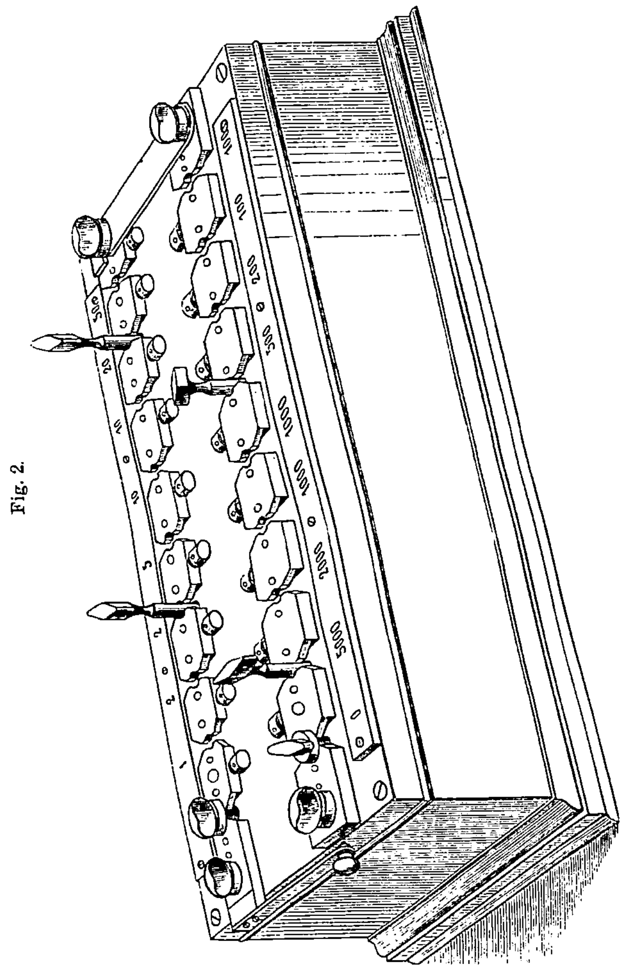

verschiedene Combinationen der Stöpselungen kann man alle Widerstände von 0,1 bis 5000 S. E. künstlich herstellen. Angaben über
Widerstandsmessungen folgen später.

Der Widerstand im Element heisst der wesentliche Widerstand, der Widerstand in der, die beiden Pole verbindenden Leitung (inclusive der etwa vorhandenen Apparatspulen) der ausserwesentliche Widerstand; beide Widerstände zusammen, ausgedrückt in S. E., geben den reducirten Widerstand. Eine in sich geschlossene Leitung nennt man einen Stromkreis.

Der galvanische Strom ist stets im ganzen Stromkreise gleich stark, gleichviel, ob ein Theil der Leitung einen grösseren Querschnitt hat als der andere oder nicht; die Dichte der Elektricität ist jedoch in einem Leiter von grösserem Querschnitt geringer als in einem solchen von geringerem Querschnitt, also im Element geringer als im Leitungsdraht.

Da die Stromstärke in einem Stromkreise nun immer abhängig ist von der elektromotorischen Kraft der Batterie und vom Gesammtleitungswiderstand, so ist bei der Berechnung der ersteren folgendes Gesetz zu beachten.

Das Ohm'sche Gesetz.

Wenn S die Stromstärke bedeutet, E die elektromotorische Kraft, w den wesentlichen und W den ausserwesentlichen Widerstand, so ist bei geschlossenem Stromkreise:

$$S = \frac{E}{W + w}$$

Es seien z. B. eine Leitung gegeben von 20 S. E. Widerstand, 4 Elemente von je 2 E Widerstand, und E sei gleich 1 gesetzt, so hätte man 4 elektromotorische Kräfte von 1 E, also 4 E in Wirkung und einen wesentlichen Widerstand von 4·2 S. E., es wäre also:

$$S = \frac{4}{8 + 20} = \frac{1}{7}$$

Die Stromstärke ist also proportional der Summe der elektromotorischen Kräfte. Verdoppelt man die elektromotorische Kraft in der Batterie, ohne den Widerstand in derselben zu vermehren, etwa durch die Wahl anderer Elemente, so erhält man die doppelte Stromstärke. Die Stromstärke ist umgekehrt proportional dem Gesammtwiderstande des Stromkreises, verringert man diesen um die Hälfte, so erhält man ebenfalls die doppelte Stromstärke.

Dies ist das wichtigste Gesetz für die Telegraphen-Technik; es findet leider in der Haustelegraphie oft genug so wenig Beachtung, und hat man Misserfolge in vielen Fällen lediglich der Unkenntniss oder Ignorirung dieses Gesetzes zuzuschreiben. Viel mag wohl auch dazu beitragen, dass die allermeisten Praktiker erfahrungsgemäss aus Mangel an Massinstrumenten nicht in der Lage sind, Widerstandsmessungen auszuführen. Messmethoden werden in einem spätern Paragraphen beschrieben werden.

Die constanten Elemente.

Wie schon gesagt eignen sich zum Betrieb von Haustelegraphen nur die sogenannten constanten Elemente, die bei grosser Sicherheit des Betriebs wenig Wartung bedürfen, also ohne Beaufsichtigung und Nachfüllung mindestens zwei Jahre und unter Umständen noch länger in der Wirkung nicht versagen. Elemente erfordern die aufmerksamste und sachverständige Behandlung, es ist deshalb das Ansetzen derselben auf das Sorgfältigste auszuführen und genau darauf zu achten, dass auf die Metalltheile wie Klemmen und Fassungen nicht Flüssigkeit geschüttet wird.

Allgemeine Anwendung für den Betrieb von Haustelegraphen haben Kohle-Zink-Elemente mit Füllung von Braunstein und Salmiak, wie solche von Leclanché 1866 angegeben und seitdem in der Anordnung der einzelnen Theile und Dimensionen von verschiedenen Constructeuren modificirt wurden, gefunden. Die Elemente dieser Gruppe zeichnen sich durch hohe elektromotorische Kraft: 1,5 von der des Daniell'schen Elements, geringen Widerstand : 2 S. E. und geringen Zinkverbrauch aus, weil der Zink nur bei Benutzung (Schluss) des Elements angegriffen wird. Leclanché hat das Element zuerst, wie Fig. 3 zeigt, zusammengestellt.

In einem viereckigen, oben in einem cylinderförmigen Halse verengten Glase a steht eine poröse Thonzelle; in dieser befindet sich eine mit einer Bleikappe umgossene Kohleplatte d, um die ein Gemisch von Braunstein*) und Retortenkohle in erbsengrossen Stücken festgestampft ist, ausserhalb der Thonzelle steht ein amalgamirter gezogener Zinkstab f, an dessen oberen Ende ein Kupfer-

---

*) Es ist bei allen Braunstein-Elementen Mangansuperoxyd (Pyrolusit) zu verwenden, weil diese Verbindung von Braunstein und Sauerstoff sich durch den hohen Procentgehalt des letzteren auszeichnet und eine Leitungsfähigkeit besitzt, wie sie das Element erfordert.

streifen a mit einer Klemme h angelöthet ist. Die Thonzelle ist durch einen Pechaufguss verschlossen, in den eine Glasröhre eingelassen ist, durch welche die durch die eintretende Flüssigkeit verdrängte Luft entweicht. Der Hals des Glases ist an der inneren und äusseren Fläche mit Firniss oder Talg zu streichen, um das

Fig. 3.

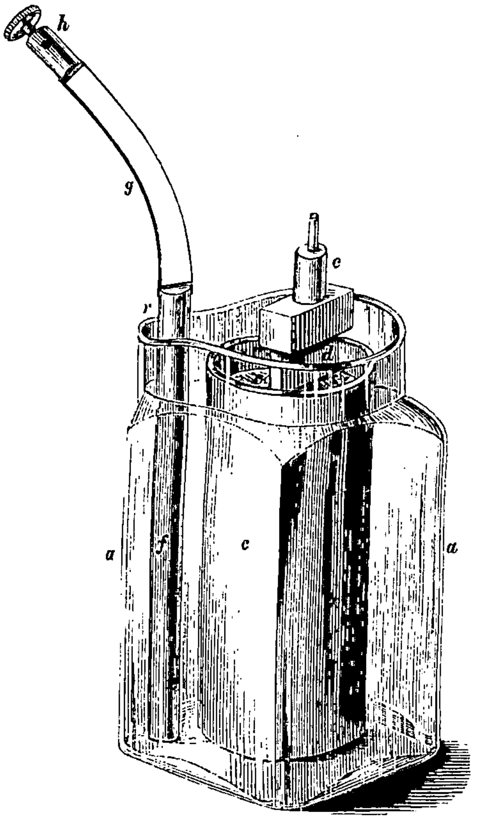

Effloresciren der Salmiaklösung zu verhüten. In das Glas wird eine gesättigte Lösung von chemisch reinem Chlorammonium (Salmiak) gefüllt, so dass es bei eingesetzter Thonzelle etwa zu drei Viertel damit angefüllt ist; die Lösung tritt bald in die Thonzelle ein und feuchtet die Kohle an.

Um den Widerstand in dem Elementherabzusetzen, hat Leclanché die Thonzelle beseitigt und die Kohlelektrode auf andere Weise hergestellt. Das Gemenge in der Thonzelle (Pyrolusit, Retortenkohle und dopp. schwefels. Kali) wird unter Zusatz von Gummilack als Bindemittel nach Erwärmung bis auf 100 Grad Celsius unter starkem hydraulischen Druck zu Platten gepresst. Diese werden an die Kohleplatte durch starke Kautschuckringe angepresst und zugleich der durch eine Porzellanrinne isolirte Zinkstab; auf diese Weise sind beide Elektroden zu einem Stück verbunden, das in das Standglas eingestellt wird.

Beide Arten von Elementen können 1 bis 2 Jahre in Wirkung bleiben, ohne besonderer Aufsicht zu bedürfen; es ist allerdings nöthig, während dieses Zeitraums mehrmals Wasser und Salmiak nachzufüllen und den Zinkstab auszuwechseln; ist das Element erschöpft, so sind die gefüllten Thonzellen resp. die Braunsteinplatten zu erneuern, wodurch sich die Unterhaltungskosten steigern.

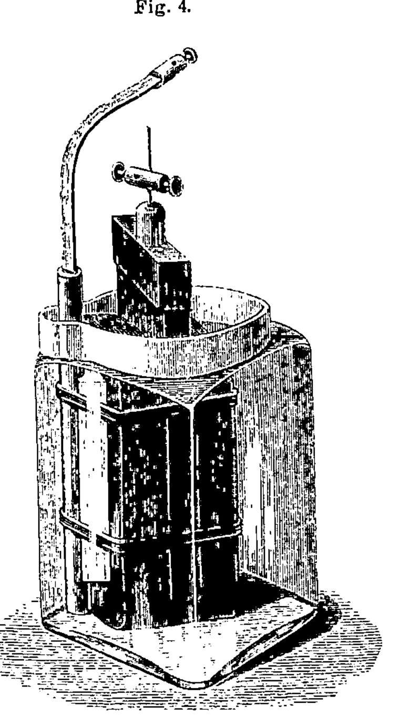
Fig. 4.

Der Betrieb für Haustelegraphen erfordert aber, dass die Elemente bei hoher elektromotorischer Kraft und geringem inneren Widerstand mindestens 2 Jahre ohne irgend welche Beaufsichtigung und Nachfüllung gleichmässig wirken, leicht anzusetzen sind und durch Billigkeit in der Erneuerung abgenutzter Theile sich auszeichnen. Zu diesem Zwecke haben Keiser und Schmidt das Braunstein-Element (Fig. 5), das in Deutschland wohl allgemein für Haustelegraphen benutzt wird, construirt.*)

---

*) Beschrieben in Dingler's polyt. Journal Band 212. 1874.

Fig. 5.

In einem Standglase von 25 cm Höhe und 15 cm Durchmesser werden eine Kohleplatte von 28 cm Höhe, 6 cm Breite, 1 cm Dicke und eine amalgamirte Zinkplatte von 20 cm Höhe und 5 cm Breite einander gegenüber eingestellt. Die Kohleplatte steht auf dem Boden des Glases und ragt mit ihrem oberen paraffinirten Ende etwa 5 cm über dasselbe hinaus, die Zinkplatte ist an ihrem oberen Theile mit 3—4 Löchern versehen, mit denen sie an einen in dem asphaltirten Holzdeckel seitlich angebrachten Stift eingehängt ist. Zur Füllung wird eine Mischung von Pyrolusit und Retortenkohle in erbsengrossen Stücken auf den Boden des Glases bis ca. 6 cm Höhe geschüttet, auf die concentrirte Salmiaklösung gegossen, angewendet. Die Flüssigkeit muss vom oberen Rande des Glases 5 cm entfernt bleiben, die Zinkplatte darf nicht bis in die Braunsteinmischung hineinreichen, der Rand des Glases ist innen und aussen etwa 3 cm mit Fett oder Talg zu bestreichen, um das Effloresciren der Salmiaklösung zu verhüten. — Das Braunstein-Element ist von K e i s e r und S c h m i d t seit einigen Jahren dadurch vereinfacht worden, dass die Kohleplatte mit der Braunsteinmischung durch Trocknen in hoher Wärme zu einer festen Platte vereint ist (Fig. 6).

Fig. 6.

An Stelle des Thoncylinders mit Kohleplatte und Braunsteinmischung hat Dr. L e s s i n g einen festen Cylinder aus einer plastischen in hoher Wärme getrockneten Mischung von anscheinend feingepulvertem Braunstein hergestellt. Der Cylinder Fig. 7 hat an seinem oberen Theile einen prismatischen Ansatz b, auf welchen der Messingbügel c mit seiner Schraube fest angepresst wird. Damit die Schraube nicht in den Ansatz eindringt, wird zwischen Bügel und

Ansatz ein Plättchen aus Kupfer- oder Weissblech gelegt. Der Zinkstab wird an den Cylinder mit Bindfaden festgebunden und durch ein Holzbrettchen i isolirt. Das Standglas, am oberen Theile innen und aussen ca. 3 cm mit Talg bestrichen, ist rund oder viereckig. Das Element hat eine geringere elektromotorische Kraft als Leclanché - Elemente, ist aber für den Betrieb von Haustelegraphen geeignet. Als erregende Flüssigkeit dient concentrirte Salmiaklösung.

Der chemische Vorgang in den Elementen dieser Gruppe ist nicht hinreichend aufgeklärt. Leclanché nahm an, dass bei Schluss der Elemente der Strom das Wasser, den Salmiak (chlorwasserstoffsaurer Ammoniak) und den Pyrolusit derart zersetzt, dass sich lösliches Chlorzink bildet, der Wasserstoff des zersetzten Wassers durch den vom Pyrolusit abgegebenen Sauerstoff neutralisirt wird und der Wasserstoff der Salzsäure sich mit dem Sauerstoff des zersetzten Wassers vereinigt, so dass sowohl Zink wie Kohle stets in gut leitender Verbindung mit der Flüssigkeit bleiben, die Stromstärke also constant ist. Diese Annahme ist bestritten worden mit der Behauptung, dass der Pyrolusit blos eine bessere Leitung abgiebt und der Wasserstoff nur wegen der grossen Oberfläche des Kohlepols relativ unschädlich ist. Die Behauptung wird durch die Thatsache gestützt, dass, wenn mit diesen Elementen bei kurzem Schluss ein starker Strom erzeugt wird, derselbe sehr rasch durch

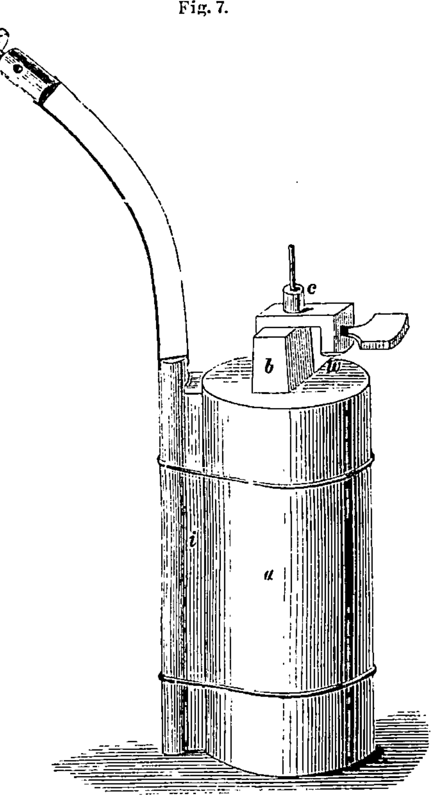
Fig. 7.

Verminderung der elektromotorischen Kraft auf $^1/_4$ seiner anfänglichen Höhe herabsinkt. Bleibt das Element, nachdem es polarisirt worden ist, auf einige Zeit geöffnet, so erholt es sich zwar, jedoch depolarisirt sich das Element nicht so schnell wieder, wie es sich polarisirt hat.

Die Polarisation tritt bei diesen Elementen nur dann wirklich störend auf, wenn sich im Stromkreise Apparate befinden, zu deren Funktionirung stärkere Ströme angewendet werden müssen, als sie die gewöhnlichen Klingeln erfordern und der Strom lange andauert.

Sinkt die Wirkung der Elemente andauernd, so ist der Widerstand erheblich grösser geworden oder die Füllung ist erschöpft; es müssen dann die Füllung und die Plattenpaare erneuert werden.

In Fällen, wo ein langandauernder, sehr constanter Strom nöthig ist, z. B. bei Controlen, Sicherheitsanlagen etc. ist es gerathen, statt der Braunstein-Elemente Meidinger'sche Ballon-Elemente (Fig. 8) anzuwenden.

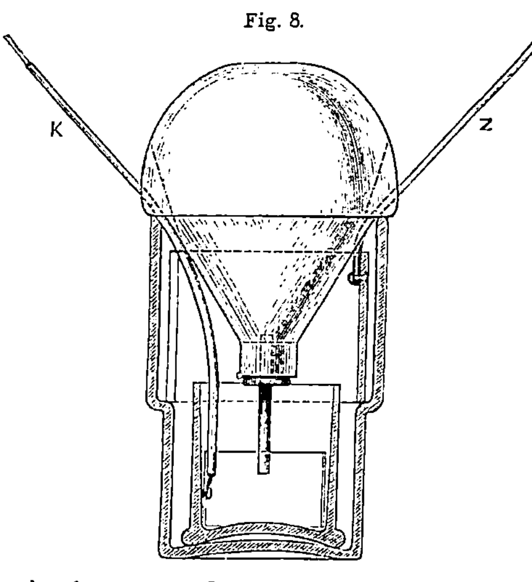

Das grosse Glas wird etwa zur Hälfte mit reinem Flusswasser, in welchem 15 gr Bittersalz aufgelöst sind, gefüllt, so dass nach dem Einsetzen des Ballons der Zink-Cylinder vollständig im Wasser steht; in den Ballon werden kleine erbsengrosse Stücke Kupfervitriol gefüllt; es wird Wasser zugesetzt, Kupfervitriol nachgefüllt und dies Manöver so lange wiederholt, bis der Ballon voll ist, worauf er mit einem Stückchen Kork, in den ein Glasrohr eingelassen ist, verschlossen wird. Der Zinkring Z wird in das grosse Glas, der Kupferring K in das kleine Glas gestellt. Es ist genau darauf zu achten, dass das Wasser bis zur oberen Wölbung des Ballons reicht, wovon man sich durch Vorhalten des Fingers vor die Oeffnung des Ballons in das Glas überzeugt.

Der chemische Vorgang im Element ist: Der sich am Kupfer bildende Wasserstoff entzieht dem Kupfervitriol Sauerstoff und bildet mit demselben Wasser, die frei werdende Schwefelsäure löst Zink auf und bildet damit lösliches Zinkvitriol. In dem Masse, wie sich die Kupfervitriollösung durch Niederschlag von Kupfer verdünnt, tritt neue Lösung aus dem Ballon heraus. Der untere Raum des Glases A bietet den Vortheil, dass die concentrirte Zinkvitriollösung nach unten sinken kann und stets eine weniger concentrirte Lösung das Zink umgiebt.

Dieses Element wird meistens in zwei Grössen hergestellt; für Haustelegraphen sollte immer die grosse Form 22 cm hoch verwendet werden, weil dieselbe einen geringeren Leitungs-Widerstand und wegen Anhäufung von mehr Material eine längere Dauer besitzt als die kleine Form des Elementes.

Die elektromotorische Kraft desselben ist ungefähr so gross wie die des Daniell'schen Elementes.

Der Widerstand des grossen Elementes beträgt bei 10—15° Reaumur durchschnittlich 5 S. E., der des kleinen 7 S. E.

Die elektromotorische Kraft nimmt meistens nach einigem Gebrauch des Elementes etwas ab; der Widerstand desselben wird ebenfalls mit der Zeit geringer, und zwar in dem Masse, wie die Lösung mehr Zinkvitriol, der den Strom besser leitet als die Bittersalzlösung, aufnimmt. Ist die Flüssigkeit mit Zinkvitriol gesättigt, so dass sich kein Zink mehr auflösen kann, so hört die Wirkung des Elementes auf, es lagert sich dann auf dem Zink festes schwefelsaures Zinkoxyd ab, welches den Strom nicht leitet; ebenso wird die Wirkung des Elementes unterbrochen, wenn aller Kupfervitriol zersetzt ist, es tritt dann Wasserstoffpolarisation ein, da ja der Kupfervitriol den Depolarisator bildet. Bei diesem Element tritt sonst, selbst bei lang andauernden, stärkeren Strömen keine Polarisation auf.

Wird das Element geschüttelt, so tritt Kupfervitriollösung an das Zink, wird hier zersetzt, Kupfer schlägt sich auf dem Zink nieder, dafür löst sich Zink, und die Flüssigkeit nimmt unnöthigerweise Zinkvitriol auf. Das Element ist also nach dem Ansetzen nur vorsichtig zu berühren.

Die Dauer des Elementes beträgt, je nach dem Gebrauch desselben, einige Monate bis zu einem Jahr. Ein sichtbares Zeichen der Sättigung der Flüssigkeit mit Zinkvitriol ist die Auskrystallisirung des letzteren; die Krystalle breiten sich aus bis zum Rande des Glases und, wenn der Deckel nicht gut schliesst, sogar darüber hinaus; am besten verhindert man dies dadurch, dass man den oberen, inneren Rand des Glases mit flüssigem Wachs oder Gummiarabicum bestreicht. Auf jeden Fall hat man Acht zu geben, dass nach dem Zusammensetzen des Elementes die Glastheile desselben, die nicht mit der Flüssigkeit in Berührung sein sollen, ganz trocken sind, wie überhaupt eine Batterie stets an einem möglichst trockenen Orte aufgestellt werden sollte. Auch hat man bei der Wahl des Ortes die Temperaturschwankungen desselben zu berücksichtigen, denn je mehr die Batterie den letzteren ausgesetzt ist, desto grösser sind auch die Stromschwankungen, da der Leitungswiderstand des Meidinger-Elementes sich mit der Temperatur recht bedeutend verändert; das Gefrieren der Flüssigkeiten würde den Strom ganz unterbrechen. Im Sommer sind die Elemente länger betriebsfähig wie im Winter, weil die Flüssigkeit dann mehr Zinkvitriol aufzulösen vermag.

Da möglichst von Zeit zu Zeit Prüfungen der Batterie vorgenommen werden sollten, hat man sich durch einen später zu beschreibenden Batterieprüfer von dem Zustande der Elemente zu überzeugen. Beim Reinigen derselben ist durch Biegen des Kupfercylinders das darauf niedergeschlagene Kupfer zu entfernen und der Zinkcylinder abzukratzen. Es ist jedoch nicht nöthig, die Zinkvitriollösung fortzugiessen und neue Bittersalzlösung anzusetzen, sondern man thut zu 1 Theil concentrirter Zinkvitriollösung 4—6 Theile Wasser und füllt damit die Elemente auf. Am Besten schöpft man die Flüssigkeit mittelst eines Hebers ab, um das Vermischen der Zinkvitriollösung mit Kupfervitriol zu verhindern; ist die Flüssigkeit trotzdem blau geworden, so kann man den Kupfervitriol dadurch entfernen, dass man alte Zinkabfälle einige Tage darin liegen lässt, dieselben schlagen dann das Kupfer nieder.

Die Konstruktion des Elements bedingt aber auch gar manche Uebelstände. Die Batterie ist sehr oft Betriebsstörungen ausgesetzt, namentlich wenn dieselbe wenig gebraucht und lange Zeit ohne Aufsicht gelassen wird. Steht die Flüssigkeit zufällig über dem Rande des Zinkcylinders, so wird der Kupferstreifen desselben abgefressen, was aber dadurch verhindert werden kann, dass man den Streifen dort, wo er mit der Flüssigkeit in Berührung kommen könnte, mit einer schützenden Substanz überzieht. Ist die Verbindung des Kupfercylinders durch einen mit Gutta-Percha überzogenen Kupferdraht gebildet, so kommt es vor, dass die Gutta-Percha durch längere Berührung mit der Luft wenig sichtbare Risse erhalten hat, durch welche dann die Bittersalzlösung eindringt und den Kupferdraht zerstört, es ist deshalb eine Verbindung durch Bleistreifen immer vorzuziehen. Ferner verstopft sich leicht die Glasröhre im Korkpfropfen des Ballons durch die dem Kupfervitriol beigemengten Unreinigkeiten; dies kann, wenigstens zum grössten Theil, durch die in Fig. 9 dargestellte Einrichtung beseitigt werden. Die Glasröhre ragt innerhalb des Ballons etwas aus dem Pfropfen vor und über demselben ist ein 4—5 mm breites, zweifach gebogenes Kupferblech a b angebracht, welches verhindern wird, dass etwa herabfallende Unreinigkeiten direkt die Oeffnung der Glasröhre treffen. Auch tritt oft dadurch eine Störung ein, dass durch niedergeschlagenes Kupfer die Glasröhre ganz verstopft wird und zwar dann, wenn das Ende der letzteren fast bis auf den Boden des Glases reicht und der etwa sich ansammelnde Kupferschlamm an die Oeffnung der Röhre tritt, es sind dann alle Bedingungen zum Verwachsen derselben gegeben. Man hat deswegen beim Zusammensetzen des Elementes darauf zu achten, dass die Oeffnung der Glasröhre höchstens bis zur halben Höhe des kleinen Glases hinabreicht.

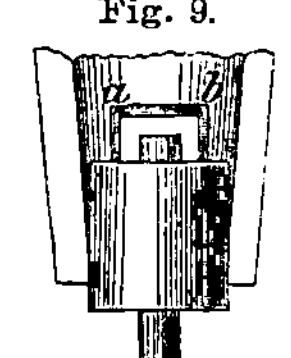

Fig. 9.

Ein fernerer Nachtheil des Elementes besteht darin, dass es einen verhältnissmässig grossen wesentlichen Widerstand besitzt, und zwar desshalb, weil die Bittersalzlösung schlecht leitet, die Lage der Elektroden zu einander eine so ungünstige ist und endlich, weil die Flüssigkeit im kleinen Glase einen so geringen Querschnitt hat. Dieser Nachtheil ist nicht von grosser Bedeutung bei Anwendung dieser Elemente auf Linien mit grossen ausserwesentlichen Widerständen, wohl aber für die Haustelegraphie, weil hier der Widerstand in den Elementen durchaus nicht verschwindend klein ist im Verhältniss zum ausserwesentlichen Widerstand.

Ueber die Schaltung von Elementen.

Die Verbindung einzelner Elemente zu einer Batterie kann in verschiedener Weise bewerkstelligt werden und ist je nach dem Zwecke, den sie erfüllen soll, verschieden.

Fig. 10 zeigt die Elemente hintereinander geschaltet, d. h., immer das Zink des einen Elementes mit dem Kupfer resp. der Kohle des nächstfolgenden verbunden. Die elektromotorische Kraft der ganzen Batterie ist gleich vier, wenn die eines einzelnen Elementes gleich eins gerechnet wird; der Gesammtwiderstand der Batterie beträgt 20 E, wenn für jedes Element ein- solcher von 5 E gerechnet wird; man erhält also die Stromstärke

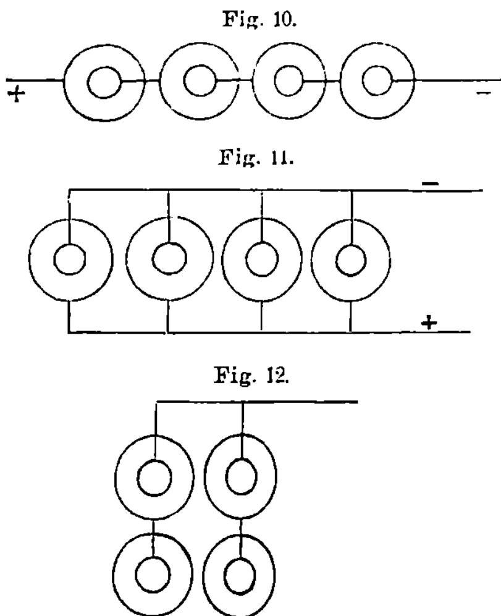

Fig. 10.

Fig. 11.

Fig. 12.

$$\frac{4}{20+5} = 0{,}16. \qquad 1)$$

Die Figur 11 zeigt die Elemente sämmtlich nebeneinander geschaltet; es sind alle Zink- und alle Kupfer-resp. Kohleplatten mit einander verbunden, und es ist offenbar dasselbe, als ob man ein grosses Element hätte mit viermal so grossen Elektroden und viermal so grosser Flüssigkeitsmenge. Die elektromotorische Kraft der ganzen Batterie ist in diesem Falle nur gleich eins, und der Gesammtwiderstand viermal so klein, wie der eines einzelnen Elementes; mithin erhält man die Stromstärke

$$\frac{1}{\dfrac{5}{4} + 5} = 0{,}16. \qquad 2)$$

Hieraus geht hervor, dass, wenn der Widerstand eines Elementes so gross ist wie der äussere Widerstand, es ganz gleichgültig ist, ob man die Elemente hintereinander oder nebeneinander schaltet, man erhält in jedem Fall dieselbe Stromstärke.

Figur 12 zeigt ein Mittelding zwischen den beiden vorhergehenden Schaltungen. Es sind hier 2 Batterien von je 2 Elementen nebeneinander verbunden. Die elektromotorische Kraft der ganzen Batterie ist jetzt gleich 2; der Widerstand jeder einzelnen Batterie beträgt 10 E, und weil 2 solche Batterien nebeneinander geschaltet sind, hat die ganze Batterie nur einen Widerstand von 5 E, die Stromstärke ist also

$$\frac{2}{5+5} = 0{,}2. \qquad\qquad 3)$$

Man sieht also, dass in diesem Fall mit der Schaltung 3) der stärkste Strom erreicht wird. Die grösste Kraft erzielt man bei einer gegebenen Batterie stets, wenn man die Batterie so schaltet, dass der wesentliche Widerstand gleich dem ausserwesentlichen ist, vorausgesetzt, dass der äussere Widerstand dazu überhaupt nicht zu gross ist. Nicht immer geht die Zahl der Elemente in der gewünschten Schaltung auf; man wählt dann die Schaltung, die derselben am nächsten kommt. Auch kann man einen Theil der Batterie nebeneinander und einen Theil hintereinander schalten. Im ganzen gilt die Regel, dass man bei einem gegebenen grossen äusseren Widerstand die Elemente immer hintereinander, aber bei einem gegebenen geringen äussern Widerstand die Elemente nebeneinander schaltet. Ist der Widerstand im Element überhaupt sehr klein, wie es bei den Leclanché-Elementen der Fall ist, so wird man selten in die Lage kommen, von der Parallelschaltung Gebrauch machen zu müssen.

Uebrigens darf man nicht Batterien von ungleicher Stärke nebeneinander schalten, denn dann würden auch bei geöffneter Leitung in der Batterie Ströme entstehen. Nur zwischen Verbindungen von gleicher Dichte der Elektricität entstehen keine Ströme.

Ist bei einer gegebenen Batterie, wenn alle Elemente hintereinander geschaltet werden, der äussere Widerstand geringer als der innere, so findet man die günstige Schaltung der Elemente, wenn man die Anzahl sämmtlicher Elemente mit dem Leitungswiderstand multiplicirt, durch den Widerstand eines einzelnen Elementes dividirt und aus dem Produkt die Quadratwurzel zieht. Diese Zahl giebt dann die Anzahl der hintereinander zu schaltenden Elemente.

Es seien gegeben 8 Leclanché-Elemente zu je 2 E und ein

ausserwesentlicher Widerstand von 25 E, so erhält man nach dem Vorhergehenden

$$\sqrt{\frac{8 \cdot 25}{2}} = 10.$$

Es wären mithin 2 Batterien von je 10 Elementen nebeneinander zu schalten.

Das Parallelschalten hat aber noch einen anderen Vortheil. Bei der Schaltung 2) (Fig. 11) ist die Stromstärke in jedem einzelnen Elemente viermal so gering, wie bei der Schaltung 1), folglich wird auch viermal so wenig Material verzehrt, und die Batterie bleibt viermal so lange betriebsfähig. Man kann hieraus Vortheil ziehen, wenn man z. B. von einer Batterie eine lange, ununterbrochene Dienstdauer verlangt. Würde man zum Betriebe einer Leitung eine bestimmte Anzahl von Elementen hintereinander geschaltet gebrauchen, und dieselben würden dann ein Jahr in Betrieb bleiben können, ehe sie sich erschöpfen, so könnte man eine Dienstperiode von nahezu 2 Jahren erreichen, wenn man noch eine zweite Batterie von ebensoviel Elementen daneben schaltet. Es ist aber dabei vorausgesetzt, dass der ausserwesentliche Widerstand ziemlich gross ist im Verhältniss zu dem der Batterie, denn sonst würde eine bedeutende Stromverstärkung eintreten und dadurch wieder ein grösserer Consum in der Batterie bedingt sein. Bei den Leclanché-Elementen wird auch durch Nebeneinanderschalten derselben die Polarisation vermindert.

Nach dieser Auseinandersetzung lässt sich auch zeigen, wieviel Meidinger-Elemente in den verschiedenen Fällen dazu gehören, um dieselbe Stromstärke zu geben wie eine gewisse Anzahl von Leclanché-Elementen.

Es seien gegeben eine Leitung von 15 E Widerstand und 2 Leclanché-Elemente, deren elektromotorische Kraft sich zu der der Meidinger-Elemente verhält wie 1,5 zu 1; so erhält man die Stromstärke

$$\frac{2\,(1{,}5)}{4 + 15} = 0{,}16.$$

Um nun mit Meidinger-Elementen dieselbe Stromstärke zu erzielen, müsste man 8 Stück der letzteren in 2 Batterien zu je 4 Stück nebeneinander schalten, so wäre die Stromstärke

$$\frac{4}{10 + 15} = 0{,}16.$$

Mithin würde man in diesem Falle 2 Leclanché-Elemente nur durch 8 Meidinger-Elemente ersetzen können.

Würde man für dieselbe Leitung nur eine geringere Stromstärke bedürfen und nur etwa 1 Leclanché-Element gebrauchen, so hätte man die Stromstärke

$$\frac{1,5}{2+15} = 0,088$$

3 Meidinger-Elemente geben die Stromstärke

$$\frac{3}{15+15} = 0,1$$

2 Meidinger-Elemente die Stromstärke

$$\frac{2}{10+15} = 0,08.$$

Mithin würde sich das Verhältniss bei Anwendung von schwächeren Strömen für die Meidinger-Elemente nicht so ungünstig gestalten wie im ersteren Fall.

Im Allgemeinen kommt also eine Batterie von Leclanché-Elementen bei gleicher Leistungsfähigkeit viel billiger zu stehen, als eine solche von Meidinger-Elementen, abgesehen davon, dass jedes weitere Element eine neue Fehlerquelle in den Stromkreis bringt.

Die Stromverzweigung.

Wenn dem elektrischen Strome, wie in Fig. 13 dargestellt, mehr als ein Weg zur Leitung dargeboten wird, so tritt eine Stromverzweigung ein, und zwar erhält, wenn beide Zweigdrähte c und d gleich lang und dick und vom gleichen Material sind, jede Abzweigung den gleichen Strom; derselbe ist aber in jedem Zweige nur halb so stark wie in a und b, und da die beiden Drähte c und d zusammen dem Gesammtstrome nur einen Leitungswiderstand

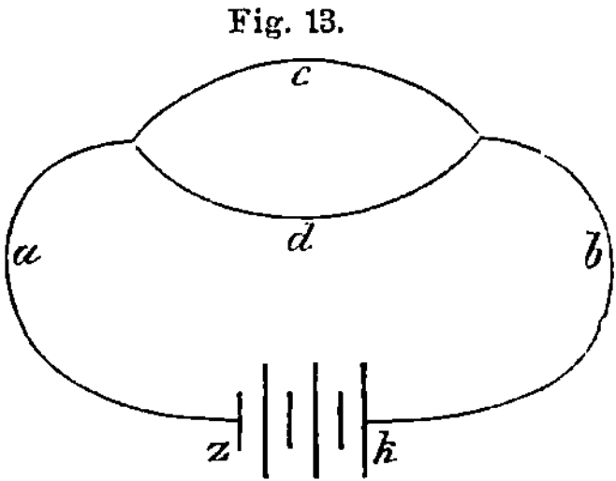

entgegensetzen wie ein Draht von doppeltem Querschnitt, so ist der Gesammtleitungswiderstand dieser Abzweigungen nur halb so gross, als wenn c oder d fortfallen würde. Hätten z. B. die Leitungsdrähte a und b je 10 E Widerstand, c und d ebenfalls je 10 E, so beträgt bei Einschaltung von 3 Leclanché-Elementen die Stromstärke

$$\text{in a und b} = \frac{3\,(1,5)}{6 + 2 \cdot 10 + \dfrac{10}{2}} = 0,145,$$

$$\text{in c und d} = \frac{0,145}{2} = 0,0725.$$

In solchen Fällen jedoch, wo bei zwei oder mehr Abzweigungen die Leitungswiderstände in denselben noch verschieden sind, ist die Berechnung der Stromverzweigung nicht so einfach. Durch denjenigen Zweig, der den grössten Widerstand hat, fliesst der kleinste Theil des Stromes und durch den, der den geringsten Widerstand darbietet, der grösste Theil des Stromes, und zwar verhalten sich die Stromstärken in den einzelnen Abzweigungen umgekehrt wie deren Widerstände.

In Folgendem sind die Formeln, auf deren Ableitung hier nicht weiter eingegangen werden kann, angegeben, nach welchen die Stromverzweigungen und die Gesammtleitungswiderstände aller Zweige zu berechnen sind.

In Fig. 13 seien die Widerstände von c und d verschieden gross, so giebt die Formel

$$\frac{cd}{c + d} \qquad\qquad 1)$$

den reducirten Widerstand beider Zweigleitungen zusammen. Der Widerstand von a, b und der Batterie sei bezeichnet durch w und die elektromotorische Kraft der letzteren durch E, so ist die Formel für die Stromstärke

$$\text{in a und b} = \frac{E\,(c + d)}{w\,(c + d) + cd} \qquad\qquad 2)$$

$$\text{in c} = \frac{E \cdot d}{w\,(c + d) + cd} \qquad\qquad 3)$$

$$\text{in d} = \frac{E \cdot c}{w\,(c + d) + cd} \qquad\qquad 4)$$

Wird nun für c ein Widerstand von 5 E genommen, und für d ein solcher von 10 E, während für die übrigen Theile des Stromkreises die Verhältnisse von vorhin gelten, so erhält man, wenn man für die Buchstaben in 1), 2), 3) und 4) die wirklichen Grössen substituirt werden,

$$\frac{5 \cdot 10}{5 + 10} = 33,3\ E, \qquad\qquad 1)$$

und als Stromstärken

$$\text{in a und b} = \frac{3 \cdot 15}{26 \cdot 15 + 50} = 0{,}102, \qquad 2)$$

$$\text{in c} = \frac{3 \cdot 10}{26 \cdot 15 + 50} = 0{,}068, \qquad 3)$$

$$\text{in d} = \frac{3 \cdot 5}{26 \cdot 15 + 50} = 0{,}034. \qquad 4)$$

Wäre nun noch eine dritte Zweigleitung e vorhanden, so würde der reducirte Widerstand aller drei Zweigleitungen zusammen gegeben durch die Formel

$$\frac{cde}{cd + ce + de} \qquad 1)$$

und für die Stromstärke

$$\text{in a und b} = \frac{E\,(cd + ce + de)}{w\,(cd + ce + de) + cde} \qquad 2)$$

$$\text{in c} = \frac{E \cdot de}{w\,(cd + ce + de) + cde} \qquad 3)$$

$$\text{in d} = \frac{E \cdot ce}{w\,(cd + ce + de) + cde} \qquad 4)$$

$$\text{in e} = \frac{E \cdot cd}{w\,(cd + ce + de) + cde} \qquad 5)$$

Hat nun die Zweigleitung e einen Widerstand von 20 E, während die anderen Grössen beibehalten werden, so erhält man durch Einsetzen der wirklichen Grössen in die vorhergehenden Formeln für den Gesammtleitungswiderstand der drei Abzweigungen

$$\frac{5 \cdot 10 \cdot 20}{5 \cdot 10 + 5 \cdot 20 + 10 \cdot 20} = 2{,}857\ E \qquad 1)$$

und für die Stromstärke

$$\text{in a u. b} = \frac{3\,(50 + 100 + 200)}{26\,(50 + 100 + 200) + 1000} = 0{,}1034 \qquad 2)$$

$$\text{in c} = \frac{3 \cdot 200}{26\,(50 + 100 + 200) + 1000} = 0{,}0591 \qquad 3)$$

$$\text{in d} = \frac{3 \cdot 100}{26\,(50 + 100 + 200) + 1000} = 0{,}0295 \qquad 4)$$

$$\text{in e} = \frac{3 \cdot 50}{26\,(50 + 100 + 200) + 1000} = 0{,}0148 \qquad 5)$$

Sind nun noch mehr derartige Abzweigungen vorhanden, so wird die Berechnung derselben recht schwierig. In der Praxis ist es aber nur dann nöthig, solche genaue Berechnungen der Stromstärken anzustellen, wenn die Widerstände der einzelnen Zweige bedeutend von einander abweichen; kleine Widerstandsdifferenzen kann man ohne Nachtheil unberücksichtigt lassen.

Hat man es mit mehreren getrennten Leitungen zu thun, so ist es nicht nöthig, jeder Leitung ihre eigene Batterie zu geben, sondern man kann alle Leitungen an eine gemeinsame Batterie legen.

In einem solchen Falle würde, wenn der Widerstand der Batterie gleich Null gerechnet werden könnte, die Stromstärke in einer jeden der Leitungen gleich gross sein, ob die Batterie durch eine oder durch mehrere derselben geschlossen wird. Denn um soviel mal, wie sich der Strom verzweigte, würde auch der Gesammtleitungswiderstand verringert, also die Stromstärke in der Batterie verstärkt werden. Da aber stets ein Batteriewiderstand vorhanden ist, so kann diese Regel im günstigsten Falle nur annähernd gelten, und zwar kommt das wirkliche Verhältniss dem in dieser Regel angegebenen um so mehr nahe, je kleiner der Batteriewiderstand ist. Man hat also bei Anwendung einer gemeinschaftlichen Batterie nöthigenfalls durch Nebeneinanderschalten von Elementen für einen geringen innern Widerstand zu sorgen.

Zur Erläuterung mögen noch folgende Beispiele angeführt werden:

Es seien für eine Leitung von 40 E Widerstand 3 Leclanché-Elemente gegeben, so erhält man die Stromstärke

$$\frac{3 \cdot (1,5)}{40 + 6} = 0,098.$$

Würden nun 4 solche Leitungen an dieselbe Batterie gelegt, so erzielt man bei deren Schliessung in jedem Stromkreise die Stromstärke

$$\frac{3 (1 \cdot 5)}{\left(\frac{40}{4} + 6\right) 4} = 0,07.$$

Würde diese Stromstärke nicht genügen, um sämmtliche Apparate zum Funktioniren zu bringen, so müsste man, um diejenige Stromstärke zu erhalten, die der erforderlichen am nächsten kommt, noch 3 Elemente hinzusetzen, dann erhält man die Stromstärke

$$\frac{6\ (1,5)}{\left(\frac{40}{4}+12\right)4}=0,1.$$

Hätte man die 4 Leitungen getrennt betrieben, wären 12 Elemente erforderlich gewesen, somit würde man also durch Anwendung der gemeinschaftlichen Batterie 6 Elemente ersparen.

Würde zum Betrieb einer einzelnen dieser 4 Leitungen eine Batterie von 5 Meidinger-Elementen nöthig sein, so erzielte man die Stromstärke

$$\frac{5}{25+40}=0,077,$$

und wenn alle 4 Leitungen zugleich geschlossen sind

$$\frac{5}{\left(25+\frac{40}{4}\right)4}=0,036.$$

Man sieht, dass bei diesen Elementen wegen ihres grossen Widerstandes sich diese Schaltungsweise nicht so vortheilhaft erweist wie bei den Leclanché-Elementen. Will man jetzt die erstere Stromstärke erreichen, so muss man die Batterie beträchtlich vergrössern. Man hat zu versuchen, den wesentlichen Widerstand dem ausserwesentlichen, hier also 10 E, gleich zu machen durch Nebeneinanderschalten von Batterien; und zwar wird man die gewünschte Stromstärke erhalten, indem man 3 Batterien von je 6 Elementen nebeneinander schaltet, die erzielte Stromstärke ist

$$\frac{6}{\left(\frac{30}{3}+\frac{40}{4}\right)4}=0,075.$$

Man gebraucht also anstatt 5, 18 Elemente.

In allen diesen Fällen ist jedoch vorausgesetzt, dass stets alle 4 Leitungen zu gleicher Zeit geschlossen sind. Werden aber abwechselnd 1, 2, 3 oder 4 Leitungen geschlossen, so entstehen mehr oder weniger grosse Stromschwankungen.

Bei der Einschaltung von 6 Leclanché-Elementen erhält man, wenn eine Leitung geschlossen wird, die Stromstärke

$$\frac{6\ (1,5)}{40+12}=0,173,$$

und wenn alle 4 Leitungen zugleich geschlossen werden, die vorhin berechnete Stromstärke 0,1. Dies wären also die grössten Stromschwankungen, die in diesem Falle vorkommen könnten.

Bei der Einschaltung von 18 Meidinger-Elementen, in 3 Batterien zu je 6 Elementen nebeneinandergeschaltet, hätte man, wenn nur eine Leitung zur Zeit geschlossen wird, die Stromstärke

$$\frac{6}{\frac{30}{3} + 40} = 0,12$$

und wenn alle 4 Leitungen geschlossen sind, die vorhin berechnete Stromstärke 0,075.

Gehen von einer Batterie (Fig. 14) 2 Leitungen a und b aus, die sehr verschiedene Widerstände haben, so giebt man, wenn für beide Stromkreise gleiche Stromstärken erforderlich sind, der kürzeren Leitung einen um soviel kleineren Theil der Batterie, als der Widerstand derselben kleiner ist wie die der längeren Leitung. Hat b einen doppelt so grossen Widerstand wie a, so wird ein Ende der Leitung a an die Mitte der Batterie gelegt.

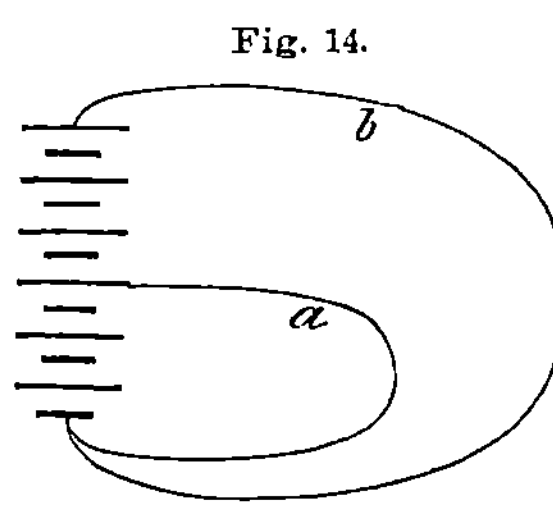

Fig. 14.

Die Strom- und Widerstandsmessung.

Die Stärke des elektrischen Stromes kann man nur messen an den Wirkungen, die er ausübt, und ein vorzügliches Mittel dazu bietet die Ablenkung der Magnetnadel.

Der Erdmagnetismus hat bekanntlich das Bestreben, eine schwebende Magnetnadel in den magnetischen Meridian einzustellen. c d (Fig. 15) sei die auf einer Spitze schwebende Magnetnadel, deren Nordende bei d liegt; a b sei ein Draht, der ebenfalls in den magnetischen Meridian eingestellt ist. Wird ein positiver Strom in der Richtung des Pfeiles durch den letzteren geschickt, so wird die Nadel abgelenkt, und zwar tritt nach der Ampère'schen Regel das Nordende d aus der Papierebene heraus. Würde der Draht a b sich unterhalb der Nadel c d befinden, so würde die Ablenkung eine entgegengesetzte sein; geht der Strom, wie in Fig. 16,

Fig. 15.

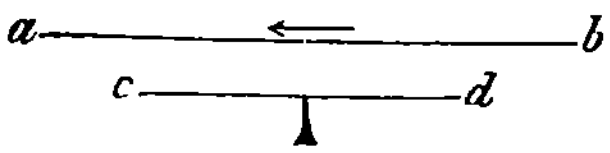

in einer Windung um die Magnetnadel herum, so wirken der obere und der untere Theil der Windung in demselben Sinne ablenkend, wie in Fig. 15, es ist die Wirkung auf die Nadel eine doppelte. Bei 10 Windungen wäre die ablenkende Kraft 10 mal so gross wie in Fig. 16. Der Grad der Ablenkung ist gegeben durch

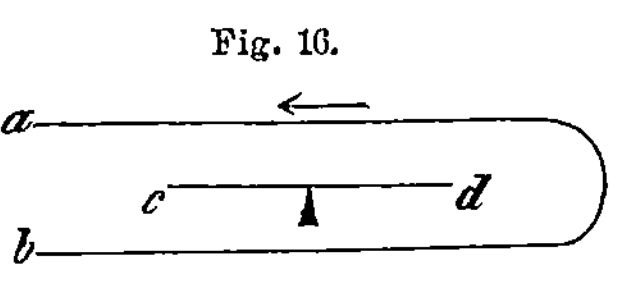

Fig. 16.

die beiden auf die Magnetnadel im entgegengesetzten Sinne wirkenden Kräfte: durch den Erdmagnetismus und durch die ablenkende Kraft des Stromes, wo beide sich das Gleichgewicht halten, bleibt die Nadel stehen. Die Ablenkung nimmt aber nicht in dem Masse zu, wie die ablenkende Kraft wächst, denn je weiter die Nadel abgelenkt wird, desto ungünstiger wirkt der galvanische Strom auf dieselbe ein. Die grössere oder geringere Entfernung der Windungen von der Nadel hat einen bestimmenden Einfluss auf die Ablenkung. Je weiter die Windungen von der Nadel entfernt sind, und je kürzer die letztere ist, desto gleichmässiger nimmt der Nadelausschlag mit der Stromstärke zu. Bei einem gewöhnlichen Galvanometer ist die Stromstärke bis zu 25, höchstens bis zu 30 Grad der Nadelablenkung der letzteren ziemlich proportional. Die Grösse der Ablenkung ist unabhängig von der Stärke des Magnetismus der Nadel.

Es kann sich für den vorliegenden Zweck nun nicht darum handeln, die feineren Messinstrumente zu beschreiben, die eine genaue Bestimmung der Stromstärke ermöglichen, dies würde weit über den Rahmen dieses Werkes hinausgehen, und die Kenntniss dieser Apparate und deren Gebrauch ist auch, um in der Haustelegraphie etwas Tüchtiges zu leisten, durchaus nicht nöthig. Jedoch ganz ohne Messinstrumente rationell zu arbeiten, ist einfach unmöglich.

Die Messinstrumente werden im Allgemeinen eingetheilt in Galvanometer und Galvanoskope; die ersteren dienen zum wirklichen Messen von Stromstärken und Widerständen und haben stets eine Kreistheilung; die letzteren dagegen dienen nur zum Anzeigen eines Stromes und sind oft nicht mit Kreistheilung versehen.

Wählt man für eine lange Leitung mit hohem Widerstande, z. B. bei der Staats- und Eisenbahntelegraphie, eine galvanische Batterie, so braucht man, aus schon angeführten Gründen, wenig auf geringen Widerstand der Elemente zu sehen, und folglich kann man auch beim Prüfen der Elemente mit einer Messmethode auskommen, die nur das Steigen und Fallen der elektromotorischen Kraft anzeigt. Man bedient sich dazu eines Galvanometers mit einer grösseren Anzahl von Umwindungen bei Einschaltung eines Rheostatwiderstandes von wenigstens 100 E. Widerstandsdifferenzen der Elemente von mehreren Einheiten ändern hier wegen des grossen Gesammtwiderstandes die Stromstärke und folglich auch den Nadelausschlag nur sehr wenig; man weiss hier also, dass ein geringerer Nadelausschlag stets nur durch das Sinken der elektromotorischen Kraft verursacht sein kann, wenn man eben von den seltenen Fällen absieht, bei denen sich im Element sehr grosse Widerstände gebildet haben sollten.

Da nun aber in kleineren Leitungen, wie sie in der Haustelegraphie zur Anwendung kommen, selbst schon durch geringere Widerstandsveränderungen Stromschwankungen entstehen, so kommt man hier mit der im Vorhergehenden beschriebenen Messmethode nicht aus, sondern greift zum sogen. „Batterieprüfer“. Fig. 17 zeigt einen solchen von Siemens & Halske. 2 Windungen von dickem Kupferdraht umkreisen eine auf einer Spitze schwebende Magnetnadel. Vor dem Gebrauch des Instrumentes merkt man sich an guten Elementen den Nadelausschlag, der dann bei Prüfungen wenigstens nahezu wieder erreicht werden muss. Steigt bei einem Element der Widerstand auf das Doppelte, so sinkt dadurch die Stromstärke auf die Hälfte herab, und folglich wird dieselbe am Batterieprüfer die Nadel nur halb so weit ablenken, wenn die Ausschläge der Nadel nicht über 30 Grad hinausgehen. Es machen sich also beim Prüfen der Elemente mit diesem Galvanometer Veränderungen der elektromotorischen Kraft sowohl wie des inneren Widerstandes bemerkbar. Man kann aber mit dem Batterieprüfer nicht nur einzelne Elemente, sondern eine ganze Batterie auf ein-

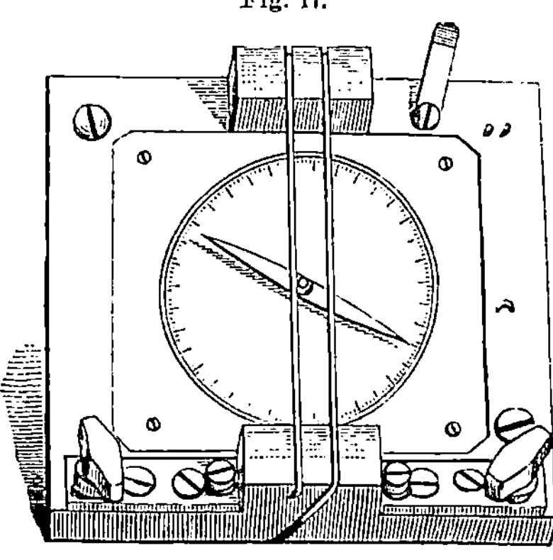

Fig. 17.

mal untersuchen; denn sobald der ausserwesentliche Widerstand gleich Null ist, bringen mehrere Elemente denselben Ausschlag hervor wie eins, weil durch Hinzufügung eines jeden Elementes eine gleiche elektromotorische Kraft und ein gleicher wesentlicher Widerstand in den Stromkreis hineingebracht wird. Im Ganzen genommen ist es aber nicht rathsam, viele Elemente auf einmal zu prüfen, weil Widerstandsveränderungen in einem oder mehreren derselben nicht so in's Auge fallen, wie beim Messen der einzelnen Elemente; man prüft aus diesem Grunde die Elemente partieenweise, zu 3 oder 4 Stück auf einmal. Soll der Batterieprüfer transportabel sein, so muss er mit einer Nadelarretirung versehen sein.

Bei den Leclanché-Elementen variiren nach längerem Gebrauch derselben die Widerstände von 1 E bis zu 6—8 E, folglich sind auch die Ausschlagsdifferenzen am Batterieprüfer sehr gross. Dies führt nun wieder zu Unzulänglichkeiten.

Ist durch Abnahme der elektromotorischen Kraft eines Elementes der Nadelausschlag um wenige Grade geringer als der Normalausschlag geworden, so ist das Element schon nicht mehr betriebsfähig; es sind also aus diesem Grunde den erlaubten Nadelausschlägen nur enge Grenzen gesteckt. Nun ist man aber genöthigt, der Widerstandsveränderungen der Elemente wegen viel grössere Ausschlagsdifferenzen gelten zu lassen, wenn dieselben nicht durch Abnahme der elektromotorischen Kraft verursacht sind. Da man nun aber bei dieser Messmethode nicht weiss, wodurch der geringere Nadelausschlag bedingt ist, so kommt man oft in die Lage, absolut nicht abschätzen zu können, ob das geprüfte Element noch betriebsfähig ist oder nicht; ja, es kann vorkommen, namentlich bei Meidinger-Elementen, dass der innere Widerstand sich um so viel vermindert, wie die elektromotorische Kraft abnimmt, man wird dann am Batterieprüfer überhaupt einen normalen Ausschlag erhalten, obgleich das Element in der Telegraphenleitung nur einen schwachen Strom geben wird.

Sehr gut angebracht ist es nun, beide Messmethoden anzuwenden. Man misst dann zuerst mittelst des anfangs beschriebenen Galvanometers, ob die elektromotorische Kraft noch eine zulässige Höhe besitzt. Ist dies nicht der Fall, so kann man die zweite Messung ersparen und die Massregeln ergreifen, die nöthig sind, um das Element wieder in Stand zu setzen; ist dieselbe aber noch gut, so führt man mit dem Batterieprüfer die zweite Messung aus und weiss jetzt, dass ein geringerer Ausschlag nur durch Vergrösserung des wesentlichen Widerstandes veranlasst sein kann. Man kann dann nach einer aufgesetzten Tabelle annähernd den Widerstand des geprüften Elementes bestimmen.

Die Umständlichkeit der Anwendung von 2 Galvanometern hat Scharnweber zur Konstruktion und Anwendung des folgenden „Elementprüfers" Veranlassung gegeben. Derselbe ist speciell zum Prüfen von Leclanché-Elementen bestimmt.

Erfahrungsgemäss nimmt bei diesen Elementen der Widerstand viel schneller zu, als die elektromotorische Kraft, abgesehen

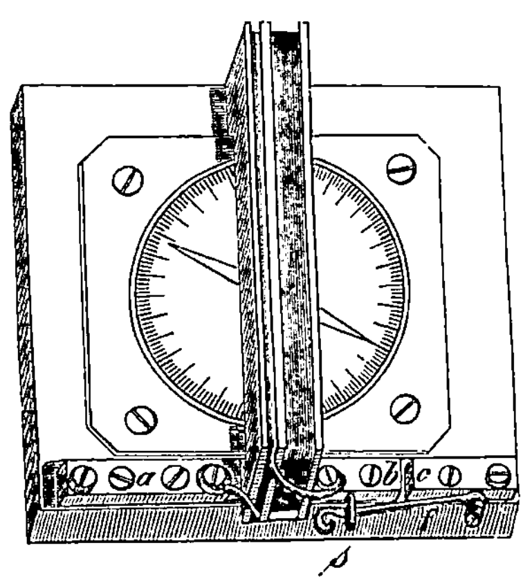

Fig. 18.

von der Polarisation, dauernd abnimmt; selbst Elemente, die bereits 6 bis 8 E Widerstand angenommen haben, besitzen in den allermeisten Fällen fast noch ihre volle elektromotorische Kraft, darum ist dieses doppelte Messverfahren hier mehr wie bei allen anderen gebräuchlichen Elementen angebracht.

Auf dem am Galvanometer (Fig. 18) befindlichen Rahmen sind zwei Wickelungen angebracht. Die linke derselben besteht aus einer Windung dicken Kupferdrahtes, dessen Enden an den Klammern a und b befestigt sind, und die rechte aus einer grösseren Anzahl von Umwindungen eines feinen Neusilberdrahtes, der einen Widerstand von über 100 E besitzt; die Enden desselben sind bei b und c verbunden.

Sind die an der rechten Seite des Galvanometers befindlichen Klemmen b und c durch die an c angebrachte Messingfeder f verbunden, so geht der Strom von der Klemme a durch die linke Umwindung nach b, in den Stift s, in die Feder f und unter Ausschluss der Neusilberwindungen über die Klemme c zur Batterie. Das Instrument dient also bei dieser Verbindung als Batterieprüfer. Wird aber die Feder f vom Stift s abgehoben und hochgestellt und dadurch der kurze Schluss aufgehoben, so geht der Strom durch alle Umwindungen zugleich.

Dieses Galvanometer kann ausserdem zum Messen von Stromstärken in der Leitung gebraucht werden, dient also zu mehreren Zwecken.

Die folgende Tabelle wurde beim Gebrauch des Elementprüfers zur Abschätzung der Elementwiderstände angewendet.

Bei Einschaltung aller Umwindungen gab ein Leclanché-Element bei voller elektromotorischer Kraft einen Ausschlag von 29—30°; war nun bei einem zu prüfenden Elemente die letztere konstatirt und die Neusilberumwindungen ausgeschaltet, so hatte dasselbe bei folgenden Nadelausschlägen die nebenstehenden Widerstände.

Bei 46,5° Ausschlag einen Widerstand von 1 E
„ 33° „ „ „ „ 2 E
„ 25° „ „ „ „ 3 E
„ 20° „ „ „ „ 4 E
„ 17° „ „ „ „ 5 E
„ 15° „ „ „ „ 6 E
„ 13,5° „ „ „ „ 7 E
„ 12° „ „ „ „ 8 E.

Um bei rasch hintereinander auszuführenden Messungen die Magnetnadel schnell zu beruhigen, kann man durch Annähern und Entfernen eines kleinen Magnetstabes oder eines magnetisirten Taschenmessers den Schwingungen der Nadel entgegenwirken; nach einiger Uebung bringt man dieselbe schnell zum Stehen.

Ein zweites Verfahren besteht darin, dass man, nachdem man ein Element gemessen hat, auf die Glasscheibe des Galvanometers parallel mit der Nadel einen viereckigen Magnetstab legt, so dass, wenn man den Strom unterbricht, die Nadel auf dem bestimmten Ausschlag stehen bleibt. Nachdem man nun ein neues Element eingeschaltet hat, zieht man den Magnetstab in gerader Richtung fort; die Nadel wird sich dann nur wenig bewegen.

Fig. 19 zeigt ein auf vielen Bahnen im Gebrauch befindliches Galvanoskop. bb ist ein ovaler Rahmen, dessen Umwindungen mit ihren Enden mit den Klemmen K_1 und K_2 verbunden sind. Innerhalb des Rahmens hängt auf der Axe s ein ∧förmiger Magnet, an welchem der Zeiger Z befestigt ist. Geht ein Strom durch die Windungen, so zeigt der Ausschlag des Zeigers ungefähr die Stärke des Stromes an. Das Galvanoskop wird in der Weise eingeschaltet, dass es sich stets im Stromkreise bewegt.

Fig. 19.

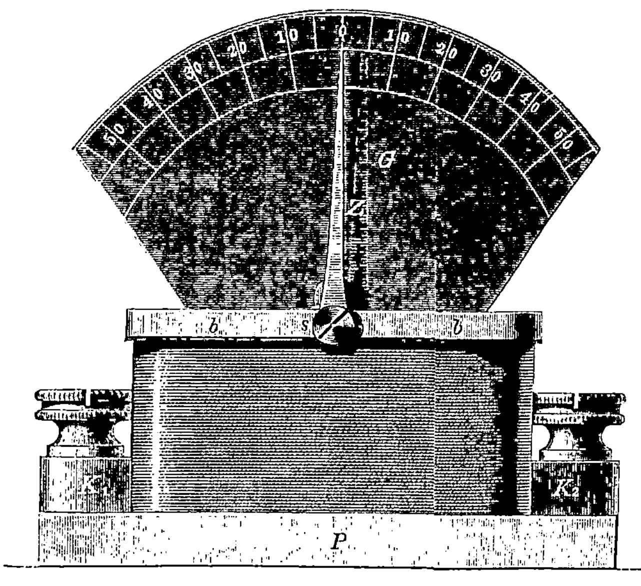

Fig. 20.

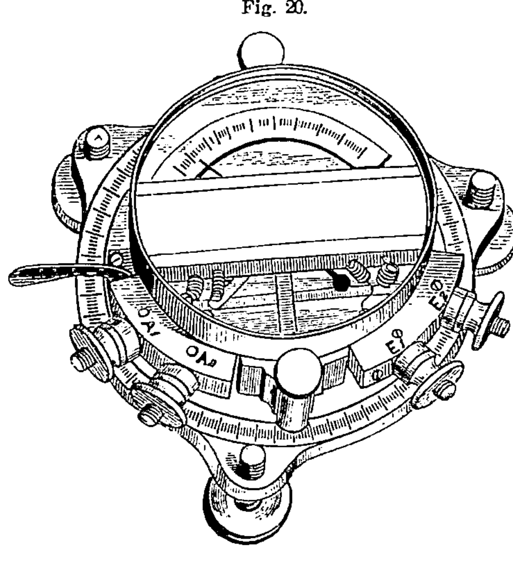

Fig. 20 stellt ein Differentialgalvanometer dar, das zum Messen von Leitungswiderständen dient. Auf den Rahmen dieses Instrumentes sind zwei sehr gut übersponnene Kupferdrähte nebeneinander aufgewickelt; die Enden dieser Drähte sind mit den Klemmen A_1, A_2 und E_1, E_2 verbunden. Durch beide Windungen wird zugleich ein Strom geschickt. Die Anordnung beim Messen zeigt Fig. 20.

R ist der in Fig. 22 dargestellte Rheostat, D der auf Widerstand
zu prüfende Draht und G das Galvanometer. Der Strom der Batterie
B theilt sich in 2 Zweig-
ströme; der eine derselben
geht durch e, R, a, A_1, A_2
und durch b zur Batterie
zurück; der andere durch d,
D, E_2, E_1 und b zur Batterie.
Der Widerstand bei den
Wickelungen, sowie die Anzahl der Umwindungen der-
selben sind genau gleich gross.
Sind nun beide Ströme, die
das Galvanometer in entgegengesetzter Richtung durch-
laufen, gleich stark, so heben

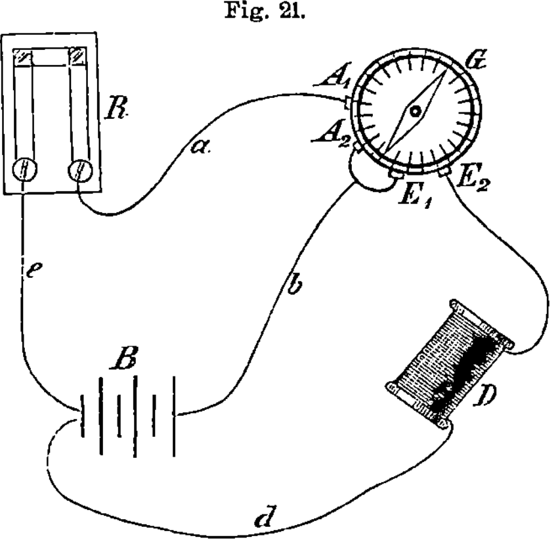

sie sich in ihrer Wirkung auf die Nadel auf. Dies ist aber nur
der Fall, wenn die Widerstände beider Stromkreise auch ausserhalb
des Galvanometers gleich gross sind. Stöpselt man daher am
Rheostat R so lange, bis die Magnetnadel sich auf Null einstellt,
so muss der Widerstand von D gleich dem von R sein. Der ausserhalb der Galvanometerdose befindliche Theilkreis dient zu anderen
hier nicht weiter zu erörternden Zwecken und kann, wenn das
Instrument nur zum Messen von Widerständen gebraucht wird,
fortfallen. Bei Anwendung dieser Messmethode ist hauptsächlich
darauf zu sehen, dass die Stöpselung stets eine sichere und metallisch
reine ist und die Messungen, wenn es auf genaue Resultate an-
kommt, möglichst bei normaler Temperatur ausgeführt werden,
andernfalls müssten die entstehenden Differenzen in Rechnung gezogen werden; die letzteren haben ihren Grund darin, dass die
Neusilberdrähte des Rheostats und die zu messenden Kupferdrähte
mit der Veränderung der Temperatur nicht auch in gleichem Masse
ihre Leitungswiderstände verändern. Die Messungen mit einem
solchen Instrument fallen sehr genau aus, sind jedoch für die Haustelegraphie wohl selten anwendbar, weil Galvanometer sowohl wie
Rheostat ziemlich hoch im Preise stehen; es sei deshalb noch ein
zweites Verfahren angeführt, welches zwar bei Weitem keine so

genauen Resultate giebt, wegen seiner grösseren Einfachheit aber wohl für die vorliegenden Zwecke zu empfehlen ist.

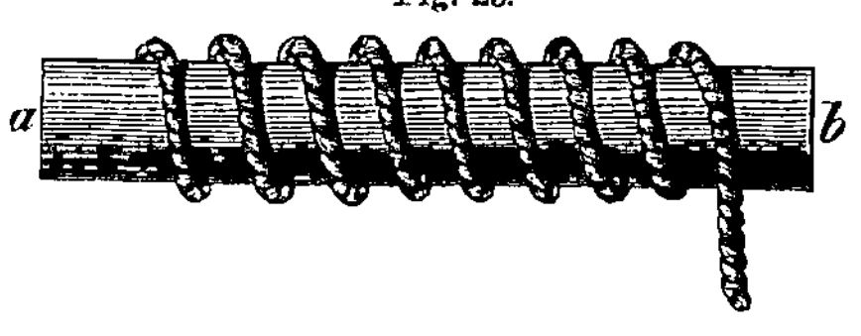

Fig. 22.

Unterhalb einer in einem Theilkreis schwebenden Magnetnadel a b (Fig. 22) befinden sich zwei Wickelungen von Kupferdraht. Die Enden des Stromkreises, in welchem der Draht, dessen Widerstand bestimmt werden soll, eingeschaltet ist, werden entweder an n o oder an n p gelegt; im ersteren Falle geht der Strom durch einen Theil der Umwindungen, im anderen Fall durch alle Umwindungen. Die erste Verbindung gilt für die Messung von Widerständen von etwa 1—25 E, die zweite Verbindung für eine solche von 26—100 E Widerstand. Da nun die Stromstärke umgekehrt proportional ist dem Widerstande des Stromkreises und man, wenn bei jeder Messung dasselbe normale Element angewendet wird, beim Einschalten von bestimmten Widerständen stets bestimmte Nadelausschläge erhält, so kann man nach einer durch Versuche aufgesetzten Tabelle jedesmal nach dem Ausschlage der Nadel die betreffende Grösse des Widerstandes von der Tabelle ablesen. Man darf dann aber nur die Nadelausschläge bis zu etwa 50° benutzen, darüber hinaus würde die Magnetnadel kleinere Widerstandsveränderungen nicht mehr anzeigen. Verwendet man zu der Messung ein Meidinger-Element von 5 E Widerstand und erhält bei Einschaltung von nur einer Einheit einen Ausschlag von 50°, so wird der Nadelausschlag bei Einschaltung von 25 E Widerstand nur ungefähr 10° betragen; man wird dann selbst noch Widerstände von 1—2 E messen können.

Magnetismus.

Fig. 23 zeigt einen runden Stahlstab, der mit umsponnenem Kupferdraht umwickelt ist. Legt man die Pole einer galvanischen

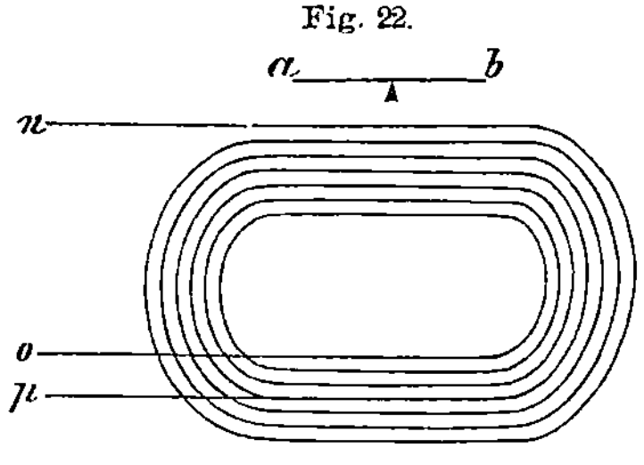

Fig. 23.

Batterie an die beiden Enden dieses Spiraldrahtes, so wird der Stab magnetisch. Zieht man den Stab jetzt aus der Spirale heraus, so behält er einen Theil seines Magnetismus; er ist jetzt zu einem permanenten Magnet geworden und hat die Eigenschaft erlangt, weiches Eisen anzuziehen. Bestreut man den Stab mit Eisenfeile, so bleibt sie an demselben hängen und zwar an den Enden am meisten, während in der Mitte nichts haften bleibt. Die Ursache dieser Erscheinung liegt in der Induction der einzelnen Eisenmoleküle aufeinander, die Magnetismen derselben neutralisiren sich, daher nennt man diesen Magnetismus den gebundenen, nach den Enden zu geht derselbe allmälig in den freien Magnetismus über, beide Magnetismen zusammen bilden den erregten Magnetismus. Hieraus wird auch erklärlich, dass kleinere Magnete im Verhältniss zu ihrem Gewicht immer mehr Magnetismus zeigen als grössere. Die beiden Enden des Stabes a b haben einen entgegengesetzten Magnetismus angenommen. Den stärksten freien Magnetismus zeigen immer die äussersten Enden, die Pole des Stabes, und würde derselbe frei aufgehängt, so würde er sich ebenso wie eine Magnetnadel in den magnetischen Meridian einstellen. Der Pol, der sich nach Norden richtet, heisst der Nordpol, und der andere der Südpol. Befindet sich der Stab in der Magnetisirungsspirale, so entsteht der Südpol immer an dem Ende des Stabes, von welchem aus gesehen der positive Strom den Stab umkreist, wie der Zeiger an einer Uhr. Nähert man den Nordpol eines Magnetstabes einer Magnetnadel, so wird der Südpol derselben von ersterem angezogen und der Nordpol der Nadel abgestossen. Also die ungleichnamigen Pole ziehen sich an, die gleichnamigen stossen sich ab. Man hat sich deshalb auch den Erdmagnetismus vorzustellen wie einen ungeheuer grossen Magnetstab, dessen Pole am geographischen Nordpol resp. Südpol liegen. Nähert man dem einen Pole eines Magnetstabes z. B. dem Nordpol ein Stück Eisen, so wird dasselbe schon in einiger Entfernung ebenfalls magnetisch polarisirt, das dem Stabe zugekehrte Ende des Eisens wird südpolarisch und das abgekehrte Ende nordpolarisch. Diesen Vorgang nennt man die magnetische Induction. Ist die Induction stark genug, wird das Eisen angezogen, entfernt man dasselbe aber wieder vom Magneten, so verliert es wieder seinen Magnetismus.

Die zu technischen Zwecken verwendeten Magnete haben meistens die in Fig. 24 dargestellte Form. Man nennt dieselben Hufeisenmagnete. Sie werden vom besten Stahl hergestellt, vorzüglich eignet sich dazu der Wolframstahl; derselbe wird nach dem Bearbeiten glashart gemacht und höchstens in der Biegung etwas

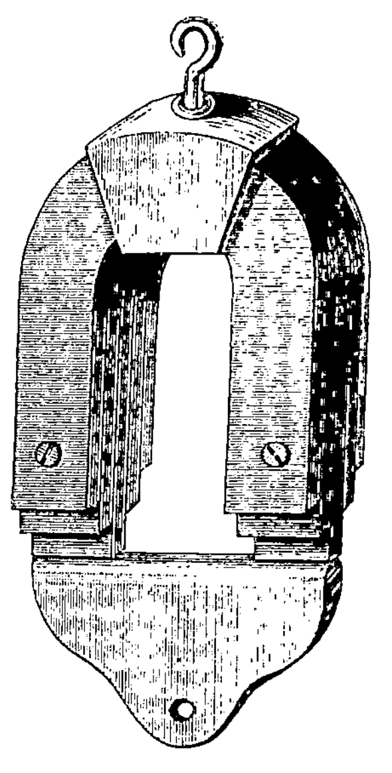

Fig. 24.

angelassen. Will man einen sehr starken Magnet haben, so legt man mehrere Hufeisen zu einem Magnet mit den gleichen Polen zusammen; man erhält dann den sogenannten Lamellenmagnet (Fig. 24). Je härter der Stahl, desto schwerer magnetisirt er sich, desto mehr Magnetismus behält er aber auch, nachdem die magnetisirende Kraft aufgehört hat zu wirken. Nach dem Gebrauch hängt man den Magnet an seinem Anker auf, denn nur im geschlossenen Zustande kann der Magnet seinen Magnetismus lange Zeit bewahren.

Ein solcher Magnet wird meistens zum Magnetisiren der Magnetnadeln angewendet. Zu dem Zweck legt man die Mitte der magnetisirenden Nadel auf einen Pol des Hufeisenmagnets, z. B. auf den Nordpol, zieht dann die Nadel über die Spitze weg vom Magneten ab, wiederholt dieses Verfahren 10 bis 12 mal, indem man jedesmal in einem kleinen Bogen mit der Nadel zum Magnetpol zurückkehrt, dies gestrichene Ende der Nadel bildet dann den Südpol; mit dem andern Ende verfährt man in gleicher Weise. Grössere Stahlmagnete, wie der in Fig. 24 dargestellte, werden durch Streichen auf den Polen eines sehr starken Elektromagnets in der Weise hergestellt, dass man das zu magnetisirende Hufeisen dicht an der Biegung auf die Pole des Elektromagnets legt und dann über die letzteren hinwegzieht, so dass immer ein Schenkel des Hufeisens auf einem Pol des Elektromagnets zu liegen kommt.

Elektromagnetismus.

Besteht der Stab in Fig. 23 aus weichem Eisen, so verliert derselbe seinen Magnetismus, sobald der Strom unterbrochen wird. Diese Eigenschaft des Eisens hat der Telegraphie zu so grossartigen Erfolgen verholfen, weil man auf beliebige Entfernung

dasselbe magnetisiren und wieder entmagnetisiren und so durch die
abwechselnde Anziehung eines Stück Eisens mannigfache Bewegungen ausführen kann. Ein solcher Magnet heisst ein Elektromagnet. Je härter der Stahl, desto andauernder muss der Strom
auf ihn einwirken, um in ihm einen gewissen Grad von Magnetismus
zu entwickeln, und desto stärkeren Magnetismus behält er zurück.
Je weicher das Eisen, desto schneller entwickelt sich der Magnetismus in demselben, und desto schneller und vollständiger verliert
es ihn nach dem Aufhören des Stromes wieder. Bei einem jeden
Elektromagnet ist daher sehr darauf zu sehen, dass kein verbranntes
oder sprödes Eisen, sondern nur gutes Kohleneisen verwendet und
dass dasselbe gut ausgeglüht und nach dem Ausglühen langsam
abgekühlt wird. Jedoch gehört auch beim Eisen eine gewisse Zeit
dazu, um den Magnetismus sich entwickeln und wieder verschwinden
zu lassen. Diese Trägheit des Eisens und Stahls nennt man seine
magnetische Coërcitivkraft, dieselbe ist demnach beim harten
Stahl unendlich viel grösser als beim weichen Eisen; bei letzterem
ist dieselbe am grössten, wenn der Magnet längere Zeit nicht gebraucht wurde, nach kurzem Gebrauch wird der Anker also leichter
angezogen. Als bewegende Kraft
benutzt man in der Telegraphie
in der Regel die Anziehung
eines Stück weichen Eisens von
einem Elektromagnet; dieses
Stück Eisen führt den Namen
Anker und wird gewönhlich
nach dem Aufhören des Stromes
durch eine Abreissfeder in seine
Ruhelage zurückgebracht. Da
nun bei einem Stabmagnet
immer nur ein Pol zur Anziehung
benutzt werden kann, so wendet
man in der Technik fast aus-
schliesslich Hufeisenmagnete an.
Einen solchen zeigt Fig. 25. a
und b sind zwei runde Eisenkerne, die auf der Eisenplatte c
vernietet oder verschraubt sind, A ist der Anker, der unter ge-

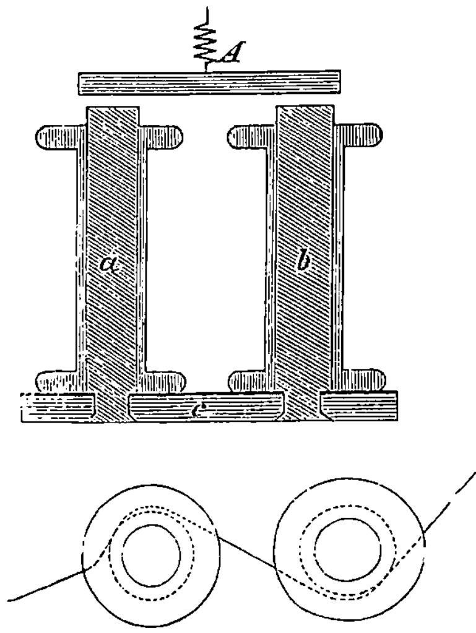

wöhnlichen Umständen in der Ruhe ungefähr 1—1¹/₂ mm von den Polen des Magneten absteht. Auf die Kerne werden Spulen von Pappe oder Holz mit so dünner Wandung, wie es die Festigkeit des Materials eben erlaubt, aufgesetzt, die Spulen werden mit umsponnenem Kupferdraht bewickelt, dessen Windungen laufen wie die Figur zeigt. Wenn beide Spulen in gleicher Richtung bewickelt werden, wie es gewöhnlich geschieht, so hat man entweder die Anfänge oder die äusseren Enden miteinander zu verbinden. Da bei einem solchen Magnet beide Pole ihre Anziehungskraft ausüben, erhält man natürlich eine stärkere Anziehung als bei einem Stabmagnet.

Trotz der Weichheit des Eisens behält dasselbe doch immer noch etwas Magnetismus zurück, welchen man den remanenten Magnetismus nennt. Mit dem Gebrauch nimmt derselbe an Kraft zu und kann unter Umständen verhindern, dass der Anker durch seine Abreissfeder wieder in seine Ruhelage zurückgebracht wird, deshalb darf der Anker die Kerne nie ganz berühren. Zu dem Zweck bringt man auf den Polen des Magneten kurze Messingstifte an, oder beklebt den Anker mit starkem Schreibpapier. Das erstere ist das Zweckmässigste, nur ist darauf zu achten, dass beide Stifte gleich weit, etwa 0,25 mm hervorragen. Wird Schreibpapier angewendet, so darf dasselbe nur mit solchen Klebemitteln befestigt werden, die ein gutes Haften sichern.

Einfluss der Windungen.

Eine jede Windung auf den Spulen eines Magnets hat dieselbe magnetisirende Kraft, gleichviel, ob sie den Eisenkern eng umschliesst oder, ob sie bis zu ungefähr 12 mm vom Kern absteht. Dies kommt daher, dass ein jeder Theil der weiteren Windung auf ein grösseres Feld von Eisen magnetisirend einwirken kann, wenn auch die engere Windung auf die nächstliegenden Eisentheile einen stärkeren Einfluss ausübt; ausserdem haben die weiteren Windungen eine grössere Länge, daher auch mehr magnetisirende Theile. Dasselbe ist der Fall, wenn man die Windung auf dem Eisenkern verschiebt; die Wirkung ist in jeder Lage annähernd dieselbe. Darum bewickelt man am zweckmässigsten die Kerne der ganzen Länge nach gleichmässig mit Draht, doch sollen die Kerne stets noch etwas aus den Windungen hervorstehen, denn sonst können die äussersten Windungen nicht ihre volle magnetisirende Kraft ausüben. Den zu bewickelnden Raum der Spule nennt man den Wickelungsraum und den darauf gewickelten Draht die Magnetisirungsspirale. Kommt es auf möglichst grosse Kraftentwickelung an, kann man den Spulen den Durchmesser geben, dass die äussersten Windungen noch etwa 12 mm vom Eisen abstehen, rechnet man $1^1/_2 - 2$ mm für die Wand der Spule, so bleiben etwa 10 mm für den Wickelungsraum. Für Haustelegraphen ist aber ein so grosser Wickelungsraum selten erforderlich, man hat zu bedenken, dass jede weitere Windung eine grössere Länge besitzt als die engere und dass dieselbe deshalb bei nur gleicher Wirkungskraft einen grösseren Widerstand in den Stromkreis bringt als die letztere. Mit engeren Windungen magnetisirt man daher in zweifacher Beziehung ökonomischer als mit weiteren.

Die magnetisirende Kraft der Spirale ist ein Produkt aus der Stromstärke und der Umwindungszahl des Spiraldrahtes.

Es gelten nun folgende Regeln:

Bei einem Magnet ohne Anker ist der freie Magnetismus proportional der Stromstärke, der Umwindungszahl, mithin also proportional der magnetisirenden Kraft.

Bei einem Hufeisenmagnet mit vorgelegtem Anker ist die Anziehung proportional dem Quadrat der Stromstärke und der Umwindungszahl, also auch proportional dem Quadrat der magnetisirenden Kraft.

Wird also ein bestimmter Magnet bei einer gewissen Stromstärke durch seinen Anker ein Gewicht von 100 Gramm heben, so würde bei Verdoppelung der Stromstärke oder der Umwindungszahl der Anker ein Gewicht von 400 Gramm zu heben vermögen.

Das quadratische Verhältniss kommt hier zur Geltung, weil die beiden im Anker sich bildenden Pole verstärkend rückwirken auf die Pole des Elektromagneten. Besteht der Anker aus hartem, schon polarisirtem Stahl, so ist die Anziehung nur einfach proportional der magnetisirenden Kraft.

Diese letztere Regel gilt namentlich für die weiter hinten beschriebenen Tableau-Nummern mit beweglichen permanenten Magneten, die durch Abstossung der letzteren wirken.

Construction der Magnetisirungsspirale.

Man denke sich einen Draht, der den Wickelungsraum mit einer Windung ganz ausfüllt, wie es die Fig. 26a darstellt. Dieser Draht habe einen Durchmesser von 10 mm; bewickelt man dieselbe Spule jetzt mit einem Draht, der nur 5 mm Durchmeser hat, so bekommt man offenbar 4 mal soviel Windungen, wie Fig. 26b zeigt, der Querschnitt des Drahtes ist nun 4 mal so klein und die Länge 4 mal so gross, folglich der Widerstand desselben 16 mal so gross. Dies Verhältniss gilt genau jedoch nur für blanke Drähte, bei isolirten Drähten wird dasselbe durch die Umspinnung um so mehr verändert, je stärker die Umspinnung ist im Verhältniss zum Drahtdurchmesser. Je feiner also der Draht ist, desto mehr Raum nimmt die Umspinnung auf einer Spule ein. Die Anzahl der Umwindungen bei einer gegebenen Spule und gegebener Drahtstärke erhält man, wenn man die Länge cd der Spule (Fig. 26) multiplicirt mit der Höhe ef und das Produkt dividirt durch das Quadrat des Durchmessers des umsponnenen Drahtes.

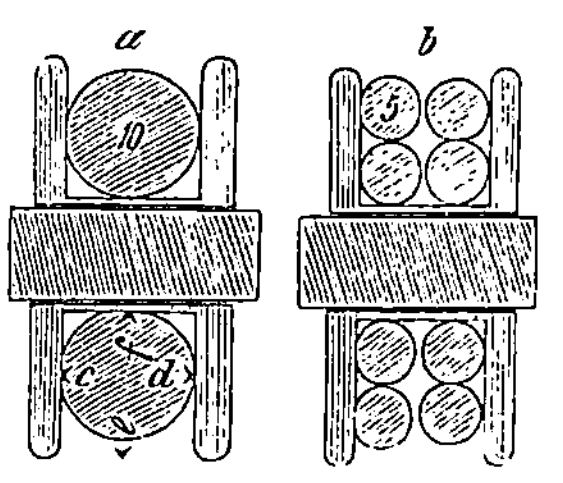

Fig. 26.

Auf die Construction der Magnetisirungsspirale haben nun viele Umstände einen mehr oder weniger bestimmenden Einfluss. In den meisten Fällen ist der Wickelungsraum für den Magneten gegeben, d. h. durch die Form des Apparates ist der Durchmesser und die Länge der Spule an gewisse Grenzen gebunden, in fast allen Fällen nutzt man die ganze Länge der Kerne für die Bewickelung aus, die Länge des Wickelungsraumes richtet sich also stets nach der Länge der Eisenkerne. Die Höhe des Wickelungsraumes variirt zwischen 4—10 mm, je nach Bedarf von magnetisirender Kraft; für die Zwecke der Haustelegraphie geht man selten über eine Höhe von 6 mm hinaus. Für grosse kräftige Elektromagnete, wie sie z. B. zum Magnetisiren von Stahl angewendet werden, werden meistens diese Dimensionen der Magnetisirungsspirale überschritten. Für Magnete der letzteren Art, die nur kurzer Zuleitungsdrähte bedürfen, bestimmt sich die Wickelung am einfachsten.

Die Erfahrung sowohl wie die Berechnung haben ergeben, dass der Magnetismus stets am kräftigsten wirkt, wenn der Widerstand der Magnetisirungsspiralen so gross ist, wie der Widerstand der Batterie.

Für alle Fälle sei jedoch bemerkt, dass die Umspinnung nur gering sein darf im Verhältniss zum Durchmesser der blanken Drähte. Bei Drähten, die weniger als 0,5 mm Durchmesser haben, darf die Umspinnung nicht mehr wie höchstens $^5/_{100}$ mm ausmachen, wenn die Berechnung der Magnetisirungsspirale dadurch nicht wesentlich alterirt werden soll; beträgt die Umspinnung bei Drähten von dieser Stärke $^8/_{100}$—$^{10}/_{100}$ mm, so erhält man selbst, wenn der Widerstand der Magnetisirungsspiralen auf die Hälfte des berechneten Werthes herabgesetzt wird, noch eine stärkere Wirkung als dann, wenn der Draht für den berechneten Widerstand gewählt wird. Bei Drähten, die mit Baumwolle umsponnen sind, wird das Verhältniss noch viel ungünstiger. Werden Magnetspulen mit Drähten der letzteren Art bewickelt, so ist man genöthigt, die Batterie um etwa $^1/_3$ der Anzahl der Elemente zu vergrössern, wenn man dieselbe Wirkung erhalten will, die man erzielt, wenn man zur Magnetisirungsspirale mit Seide umsponnene Drähte verwendet. Der beabsichtigte Vortheil ist also ein illusorischer, und zwar um so mehr, mit je stärkeren Strömen überhaupt gearbeitet wird.

Ist für die Wickelung nicht der durch Rechnung bestimmte Draht vorhanden, so nimmt man lieber einen etwas dickeren Draht als einen dünneren.

Stehen bei dem vorhin erwähnten Magnet etwa 4 Elemente zur Verfügung, so tritt die Frage heran: welche Schaltung der Elemente anzuwenden ist. Es ist zwar in Bezug auf die Wirkung fast gleich, ob man alle 4 Elemente hintereinander oder nebeneinander schaltet, wenn jedesmal der Widerstand der Magnetisirungsspiralen dem der Batterie gleichgemacht wird; jedoch wird, weil hier die Differenz der Drahtstärken ziemlich gross ist, die Umspinnung im ersteren Fall einen merklich grösseren Raum einnehmen als im zweiten Fall, also der Nebeneinanderschaltung der Elemente der Vorzug zu geben sein. Der dickere Draht ist ausserdem billiger als der dünnere und leichter aufzuwickeln.

Sind nun gegeben der Wickelungsraum eines Magneten, eine längere Leitung und die Batterie, so ist die Wickelung so herzustellen, dass der Widerstand der Spulendrähte gleich dem der Batterie und der Leitung ist.

Befinden sich in einer fünfmal so langen Leitung 5 solche Magnete, so ist die Wirkung für jeden Magneten ebenso zu wählen wie im vorigen Falle, während die Anzahl der Elemente ebenfalls fünfmal so gross zu nehmen ist. Es ist dann wieder der Widerstand sämmtlicher Wickelungen gleich dem der ganzen Leitung und der Batterie.

Es seien nun gegeben eine Leitung von 26 E Widerstand, 2 Leclanché-Elemente und der Wickelungsraum eines Magneten, so wird die Wickelung des letzteren 30 E Widerstand erhalten müssen, man hat dann die Stromstärke

$$\frac{2}{26 + 4 + 30} = 0{,}033.$$

Sollen nun in dieser Leitung 5 solcher Magnete hintereinander angebracht werden, so kann man, weil der Widerstand der Elemente nur klein ist im Verhältniss zum äussern Widerstand, folgendermassen verfahren. Man vertheile die 30 E Widerstand auf die Wickelungen aller 5 Magnete, so dass die Spulen eines jeden derselben 6 E erhalten.

Ist die Drahtstärke und die Anzahl der Umwindungen der ersteren Wickelung bekannt, so wird nach dem im Anfange des Paragraphen Gesagten klar sein, dass, wenn man einen fünfmal so kleinen Widerstand für die Spulendrähte wählt, man aus der Zahl 5 die Quadratwurzel zu ziehen hat, um mit dieser erhaltenen Grösse 2,24 die Anzahl der Windungen der bekannten Wickelung zu dividiren, man erhält dann die Anzahl der Windungen der neuen Wickelung; multiplicirt man mit 2,24 den Querschnitt des Drahtes der bekannten Wickelung oder vielmehr das Quadrat seines Durchmessers und zieht aus dem Produkt die Quadratwurzel, so erhält man die gesuchte Drahtstärke für die zweite Wickelung. Wollte man umgekehrt den Widerstand der Wickelung verfünffachen, so hätte man die anfängliche Anzahl der Umwindungen mit 2,24 zu multipliciren, den Durchmesser durch 2,24 zu dividiren und aus dem Produkt die Quadratwurzel zu ziehen, um die zu wählende Drahtstärke zu erhalten.

Der erstere Fall passt für unsere zu berechnende Wickelung Da also ein jeder der vorhin erwähnten Magnete eine Wickelung von 6 E Widerstand bekommt, so erhält eine jede derselben 2,24 mal so wenig Umwindungen, wie die Wickelung von 30 E Widerstand. Da die magnetisirende Kraft ein Produkt ist aus der Stromstärke und der Umwindungszahl, so hat man, um dieselbe Ankeranziehung zu erhalten, die Stromstärke 2,24 mal so gross zu machen wie die vorhin berechnete Stromstärke, dieselbe müsste also betragen

$$0{,}033 \times 2{,}24 = 0{,}74;$$

durch hinzuschalten von noch 3 Elementen erhält man die Stromstärke

$$\frac{5}{26 + 10 + 30} = 0{,}076.$$

Würde man, etwa wenn die Apparate mit der ersteren Wickelung vorhanden sind, diese Wickelung mit 30 E Widerstand per Apparat beibehalten, so hätte man die Stromstärke durch Verstärkung der Batterie auf die anfängliche Höhe, also auf 0,033 zu bringen. Mit 6 Elementen würde man nicht ganz die nöthige Stromstärke erzielen, dagegen mit 7 Elementen die noch etwas grössere Stromstärke

$$\frac{7}{26 + 14 + 150} = 0{,}037.$$

Im vorhergehenden Falle ist vorausgesetzt, dass alle Magnete eine gleich grosse Anziehung erfordern. Ist dies nicht der Fall, so muss die Anzahl der Umwindungen natürlich auf den verschiedenen Magneten eine verschiedene sein.

Es seien in einem Stromkreise 2 Magnete M_1 und M_2 vorhanden, von welchen M_2 eine doppelt so grosse Anziehung erfordert wie M_1. Die Anziehungen beider Magnete seien bezeichnet mit A_1 und A_2, die Anzahl der Umwindungen mit U_1 und U_2, die Widerstände der Wickelungen mit W_1 und W_2, so verhalten sich

$$A_1 : A_2 = 1 : 2.$$

Da nun die Anziehungen den Quadraten der auf die Magnete einwirkenden magnetisirenden Kräfte proportional sind, so verhalten sich

$$U_1 : U_2 = \sqrt{A_1} : \sqrt{A_2}$$

$$\text{und } U_1 : U_2 = \sqrt{1} : \sqrt{2},$$

folglich ist $U_2 \sqrt{2}$ mal oder 1,41 mal so gross zu nehmen wie U_1, und da sich verhalten

$$U_1{}^2 : U_2{}^2 = W_1 : W_2,$$

so erhält man die Wickelung von M_2 $1{,}41^2$ mal oder 2 mal soviel Widerstand wie die von M_1.

Hier sowohl wie bei den vorhergehenden Rechnungen ist aber stets vorauszusetzen, dass die Umspinnung der Drähte je nach der Stärke derselben das Verhältniss verändert. Man kann daher diese Regel so ausdrücken:

Sind in einem Stromkreise mehrere Magnete vorhanden, so sind unter sonst gleichen Umständen die Anziehungen derselben genau proportional den Quadraten ihrer Umwindungen und annähernd proportional ihren Widerständen, mit der Massgabe, dass das Verhältniss für die grösseren Widerstände um so ungünstiger wird, je dünner die Drähte und je dicker die Umspinnung derselben.

Einfluss der Dimensionen der Eisenkerne.

In Bezug auf den Durchmesser der Magnetkerne gelten folgende Gesetze:

Bei einem Elektromagneten ohne Anker ist der entwickelte freie Magnetismus proportional der Wurzel der Kerndurchmesser.

Bei einem Hufeisenmagnet mit vorgelegtem Anker ist die Anziehung proportional den Durchmessern der Eisenkerne.

Im Allgemeinen erzielt man bei Telegraphenapparaten durch Vergrösserung der Kerndurchmesser nicht viel, weil dann bei derselben Drahtlänge die Wickelungen weniger Umwindungen erhalten.

Die Anziehung bei verschiedenem Abstande des Ankers von den Polflächen.

Die Anziehung nimmt ab im quadratischen Verhältniss zu der Entfernung des Ankers von den Polflächen. Doch scheint dieses Gesetz keine allgemeine Gültigkeit zu haben, denn die Praxis zeigt in der Regel abweichende Resultate; immer nimmt jedoch die Anziehung in viel grösserem Masse ab, als die

Entfernung des Ankers von den Polen. Man soll daher die letztere nicht grösser machen, als durchaus nöthig ist. Aus demselben Grunde sollte die Bewegung des Ankers auf ein Minimum begrenzt werden, weil beim Beginn des Anzuges der Magnetismus stets schwächer wirkt, als am Ende desselben, wo der Anker den Polen näher steht.

Die Inductions-Erscheinungen.

Ebenso wie ein Magnet auf in seiner Nähe befindliches Eisen inducirend einwirkt, werden auch in geschlossenen Leitern, wenn sich in deren Nähe Leiter befinden, die von elektrischen Strömen durchflossen werden, elektrische Ströme hervorgerufen, welche man Inductionsströme nennt; der Vorgang selbst heisst die galvanische Induction. In Fig. 27 ist a b der von dem Strome der Batterie B durchflossene Leiter; in dem geschlossenen Leiter c d befindet sich ein Galvanometer G. Sobald nun die Batterie geschlossen wird, entsteht in c d ein Strom von ganz kurzer Dauer, der die entgegengesetzte Richtung hat

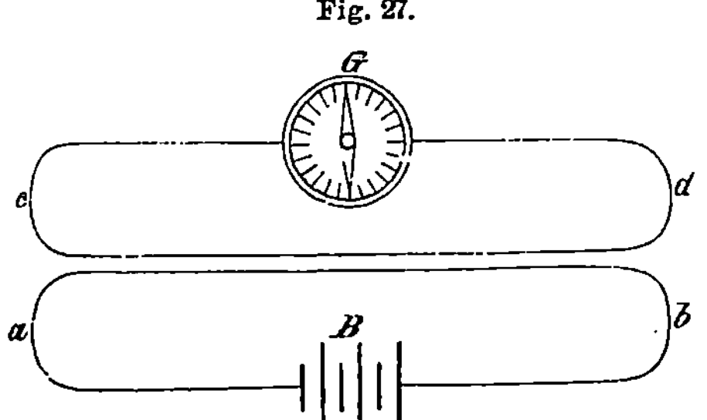

Fig. 27.

wie der galvanische Strom in a b. Wird die Batterie geöffnet, so entsteht wieder ein Strom, der aber dem galvanischen Strome gleichgerichtet ist; die Nadel des Galvanometers wird also in beiden Fällen in entgegengesetzten Richtungen ausschlagen. Dieselben Erscheinungen treten auf, wenn man bei geschlossener Batterie die beiden Leiter gegen einander bewegt. Nähert man dieselben einander, so entsteht ein Inductionsstrom, der wieder dem galvanischen Strome entgegengesetzt ist, und bei der Entfernung der Leiter von einander tritt ein Strom auf, der dem galvanischen Strome gleichgerichtet ist, und zwar sind die Inductionsströme um so stärker, je stärker der galvanische Strom und je grösser die Bewegung der Leiter. Ferner ist die Intensität der Inductionsströme abhängig von der Entfernung der beiden Leiter von einander, sowie von der Länge der benachbarten Theile derselben.

Um starke Inductionsströme zu erzeugen, wickelt man beide Leitungsdrähte übersponnen in vielen Windungen neben- oder übereinander auf eine Spule. Steckt man in die Höhlung einer solchen Spule einen Eisenstab hinein, so wird, sobald durch einen der aufgewickelten Drähte ein Strom gesendet wird, das Eisen magnetisch, durch das Auftreten des Magnetismus in demselben wird nun ebenfalls im zweiten, secundären Drahte ein Inductionsstrom hervorgerufen, der dieselbe Richtung hat, wie der galvanische Inductionsstrom, diesen also verstärkt. Zum Unterschiede von dem letzteren nennt man diesen Strom Magnet-Inductionsstrom, derselbe ist auch viel stärker als der galvanische Inductionsstrom.

Es entstehen aber nicht nur Inductionsströme in benachbarten Leitern, sondern auch in dem Leiter selbst, der vom galvanischen Strome durchflossen wird. Beim Schliessen des letzteren ist der entstehende Inductionsstrom ebenfalls dem galvanischen Strome entgegengesetzt und beim Oeffnen desselben diesem gleichgerichtet. Auch dieser Inductionsstrom, der Extrastrom genannt wird, wird durch den im Eisen entwickelten Magnetismus sehr verstärkt. Diese Extraströme haben nun einen grossen Einfluss auf die Entwickelung und auf das Verschwinden des Magnetismus im Eisen; denn da sie beim Schliessen des galvanischen Stromes diesem entgegenwirken, so verzögern sie die Entwickelung des Magnetismus und, da sie beim Oeffnen des galvanischen Stromes diesem gleichgerichtet sind, so verhindern sie ein schnelles Verschwinden des Magnetismus. Störend wirken die Extraströme aber nur dann, wenn die galvanischen Ströme schnell auf einander folgen, wie es z. B. bei den Zeigertelegraphen der Fall ist.

Inductionsströme werden nun auch in der Telegraphie angewendet, um Magnete zu erregen. Dazu bedient man sich aber nur der Magnet-Inductionsströme.

Steckt man in die Höhlung einer mit umsponnenem Draht bewickelten Spule rasch einen Magnetstab hinein, so entsteht im Draht, wenn derselbe geschlossen ist, ein Inductionsstrom von bestimmter Richtung, und sobald der Magnetstab wieder herausgezogen wird, entsteht ein Strom, der die entgegengesetzte Richtung hat wie der vorhergehende. Die Richtung hängt ab von der Polarität des in die Spule hineingesteckten Stabendes,

In Fig. 28 stellt a b d einen Stahlmagnet dar, dessen Polen ein Elektromagnet gegenübersteht. Wird nun der Stahlmagnet dem Elektromagnet genähert, so wird der letztere magnetisch und inducirt in den ihn umgebenden Windungen, wenn dieselben geschlossen sind, einen Inductionsstrom von bestimmter Richtung, werden die Magnete wieder von einander entfernt, so entsteht natürlich ein entgegengesetzter Strom. Lässt man die Pole dieser beiden Magnete an einander vorbeirotiren, so folgen die Ströme je nach der Umdrehungsgeschwindigkeit schnell aufeinander und zwar entsteht bei je einer halben Umdrehung der Magnete ein Strom, in

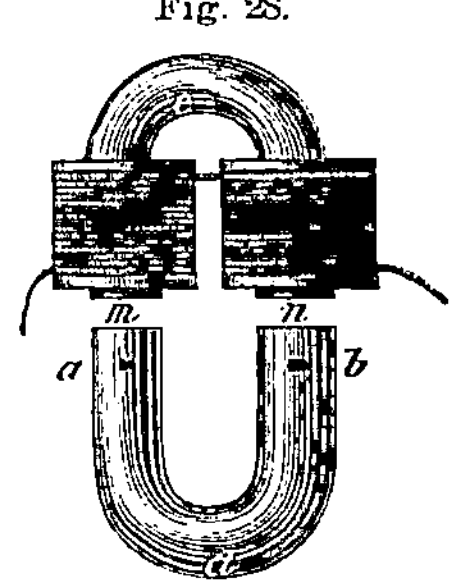
Fig. 28.

dem jeder nächstfolgende dem vorhergehenden entgegengesetzt gerichtet ist. Denkt man sich den Pol a des Stahlmagnets nordpolarisch und den Pol b südpolarisch, so wird der Pol m des Elektromagnets in der gezeichneten Lage südpolarisch inducirt und der Pol n nordpolarisch. Beginnt man nun einen der beiden Magnete um die Achse d c zu drehen, so verlieren die Pole m und n ihren Magnetismus um so mehr, je grösser die Entfernung zwischen den Polen m n und a b wird; ist der entstehende Inductionsstrom beim Beginn der Bewegung am stärksten, so erreicht er nach einer viertel Umdrehung das Minimum seiner Stärke. Bei weiterer Drehung fängt m an nordpolarisch zu werden, während n zum Südpol wird, da nun aber diese Bewegung eine annähernde ist bei umgekehrten Polen, so hat der entstehende Inductionsstrom dieselbe Richtung, wächst also wieder an Intensität, je mehr sich die Pole beider Magnete nähern. Derselbe Strom fällt also bei einer viertel Umdrehung vom Maximum auf's Minimum und erreicht nach noch einer viertel Umdrehung wieder seine anfängliche Stärke. Sobald nun aber die Pole an einander vorbeipassiren, geht der Strom verhältnissmässig plötzlich in die entgegengesetzte Richtung über, und bei der jetzt folgenden halben Umdrehung wiederholt sich der Vorgang wie vorhin.

Bei Anwendung der Inductionsströme zur Telephonie wird der Apparat zur Erzeugung dieser Ströme für die Inductionswecker gewöhnlich in Anordnung, wie Fig. 29 zeigt, hergestellt.

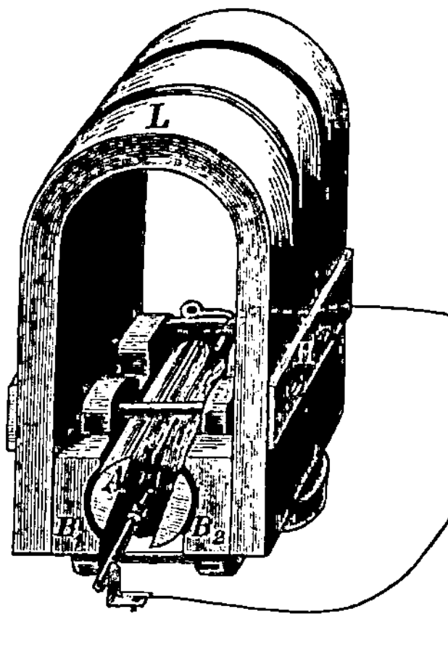

Fig. 29.

Die Magnetlamellen L sind durch die Metallhalter H zu einem magnetischen Magazin verbunden. Beide Pole dieses Magazins sind durch je ein Eisenstück B_1, B_2 armirt, das für die gleichnamigen Pole als gemeinschaftlicher Polschuh dient; die Polschuhe bilden einen cylinderförmigen Hohlraum, in welchem sich der Cylinderanker um seine Längsachse dreht.

Der Cylinderanker A ist weiches Eisen, in welchem der Länge nach zwei Nuthen ausgearbeitet sind, die die Drahtwindungen aufnehmen. Wird der Anker in Drehung versetzt, so treten die oben beschriebenen Vorgänge ein.

II. Abschnitt.

Die Telegraphenapparate in Verbindung mit den Leitungen.

Die Druckknöpfe.

Der Druckknopf dient zum Schliessen eines Stromkreises; er ist in Form, Material und Ausstattung je nach dem Ort, an welchem er angebracht wird und je nach seiner Anwendung den mannigfachsten Abänderungen unterworfen.

Fig. 30 zeigt die inneren Theile eines Druckknopfs. b und p sind zwei Federn von hartem und starkem Neusilberblech, denen man eine schneckenförmige Form giebt, um ihnen eine grössere Länge und dadurch eine bessere Federkraft zu ertheilen, auch

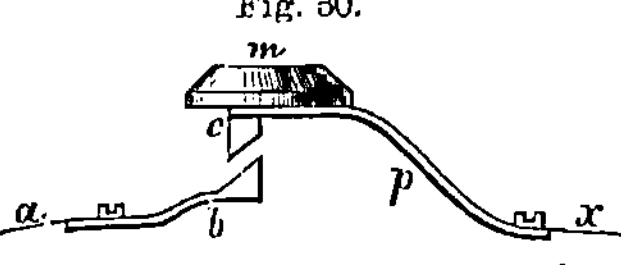

Fig. 30.

ist es vortheilhaft, ihnen eine solche Biegung zu geben, dass beim Niederdrücken bei c eine kurze Reibung entsteht, wodurch die Metallflächen stets rein erhalten werden. Bei a und x werden die Enden des Stromkreises fest verbunden, durch Druck auf den Knopf m bei c der Contact hergestellt und dadurch der Strom geschlossen. Nach Aufhören des Drucks unterbrechen die Federn von selbst wieder den Strom. Platincontacte sind nur dann nöthig, wenn die Druckknöpfe in feuchten Räumen oder im Freien angebracht werden.

Fig. 31 zeigt die äussere Ansicht eines Druckknopfs. Auf der an der Wand zu befestigenden Unterplatte

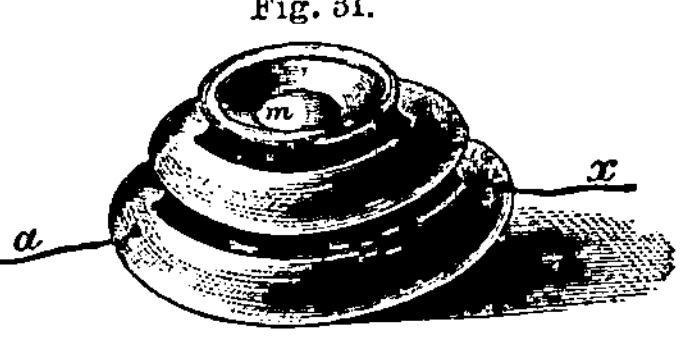

Fig. 31.

sind die Federn b und p angebracht, über das Ganze wird der Deckel geschraubt, aus welchem der Knopf m hervorschaut. Es ist darauf zu achten, dass sich die Federn b und p im Innern des Druckknopfs nicht berühren und der Drücker m leicht in dem Deckel spielt, weil sonst der Strom geschlossen ist und die Klingeln so lange läuten, bis die Batterie erschöpft ist.

Der Fortschellerknopf (construirt 1886 von Keiser und Schmidt), Fig. 32, wird durch Druck auf Drücker m wie ein gewöhnlicher Druckknopf benutzt und bewirkt ausserdem durch Herüberrücken der Kurbel k zwischen die Federn b und p (Fig. 33) Schluss des Stromkreises und Läuten der Klingel so lange, bis die Kurbel zurückgerückt und dadurch der Contact zwischen den Federn aufgehoben ist. Dieser Knopf ermöglicht also Selbstunterbrechen und Fortläuten mit einer und derselben Klingel. Fig. 32 giebt die vordere, Fig. 33 die hintere Ansicht dieses Knopfes. Die Fälle, in denen Druckknöpfe mehr als zwei Federn zum Contactschluss erhalten, werden späterhin besprochen werden.

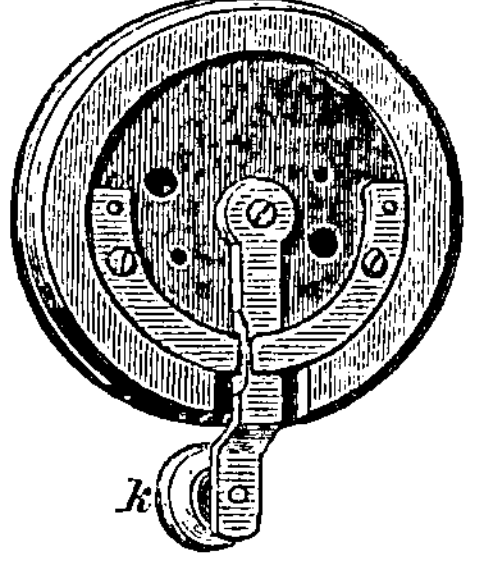

Fig. 32.

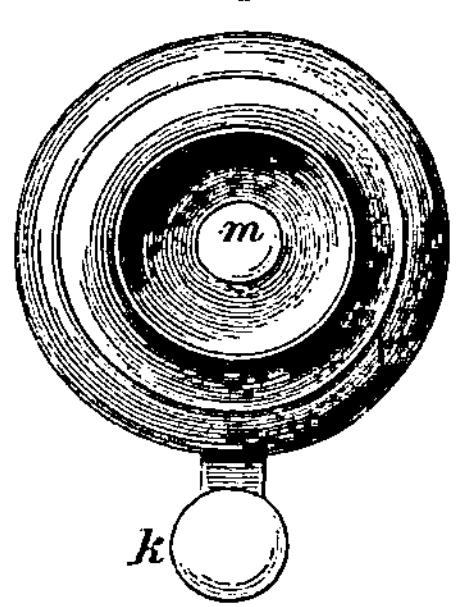

Fig. 33.

Wenn es darauf ankömmt, dass der Rufende ein Signal erhält, dass sein Ruf gehört worden, so kann entweder eine Klingel, die vom Druckknopf des Gerufenen in Betrieb gesetzt wird, angewendet werden oder es wird der Breguet'sche Druckknopf mit Rücksignal benutzt, Fig. 34.

Im Gehäuse desselben befindet sich ein kleiner Elektromagnet E, dessen Umwindungen einerseits bei v mit der Leitung L verbunden sind, während sie andrerseits zum Verbindungsplättchen e führen, an welchem auch die Feder c d befestigt ist. Auf der anderen Seite des Gehäuses sitzt am Plättchen r eine gleiche Feder a b, während zu demselben Plättchen auch die Leitung C führt. Die in der Mitte der Taste angebrachte drehbare Magnetnadel A trägt auf ihrer Achse einen Stift g, welcher sich, sobald die Nadel vom Elektromagnet angezogen wird, auf die mit einem Platincontact versehene Feder rr legt. Mit der Achse der Magnetnadel metallisch verbunden sind das Plättchen p und die Klemme q, von welcher ein Spiraldraht n m zum Plättchen e und somit zur Magnetisirungsspirale des Elektromagnets führt. Die Magnetnadel wird in der Ruhe durch einen Anschlagstift in ihrer senkrechten Lage erhalten, während sie, angezogen vom Elektromagneten, die punktirte Lage vor der in einem Ausschnitt des Deckels sichtbaren Aufschrift „Hier" einnimmt.

Fig. 34.

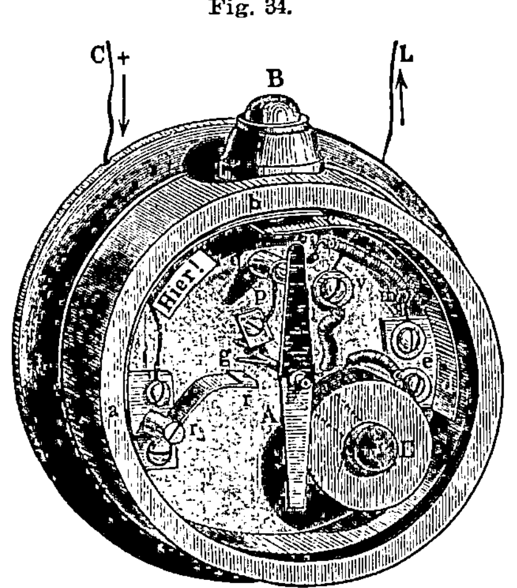

Wird nun der Knopf B gedrückt, so gelangt der Strom durch C über a, b, c d, e, durch den Spulendraht, über v und die Leitung L zur Batterie; es ertönt die betreffende Klingel und der Magnet E zieht die Magnetnadel an. Der Rufende ersieht aus der Einstellung der Nadel auf „Hier", dass der Strom in die Leitung gegangen ist. Wird der Druckknopf B losgelassen, so bleibt die Nadel trotzdem auf „Hier" stehen, weil sich durch den hergestellten Contact zwischen g und r ein neuer Stromweg gebildet hat. Der Strom geht jetzt von C nach r r, g, p, q, n m, e, durch den Spulendraht des Magneten über v und L zur Batterie. Wird jetzt durch die gerufene Person der Strom auf irgend eine Weise unterbrochen, so geht die Magnetnadel in ihre Ruhelage zurück, und man weiss nun, dass das Signal wahrgenommen worden ist.

4 *

Fig. 35.

Fig. 37.

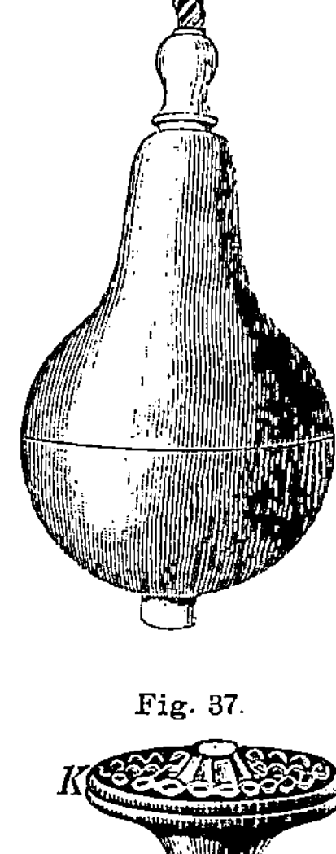

Fig. 36.

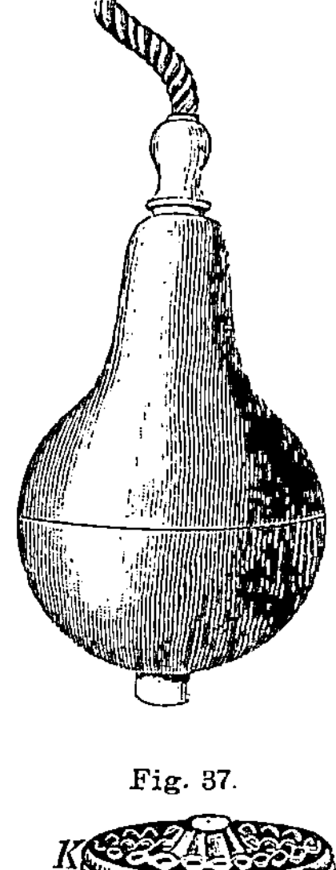

Druckknöpfe werden der Bequemlichkeit wegen öfters in Form von Birnenknöpfen angewendet und zwar für eine Leitung Fig. 35 oder für mehrere Leitungen Fig. 36. Für solche Knöpfe müssen die Zuleitungsdrähte neben grosser Biegsamkeit besondere Festigkeit besitzen und sind jeder für sich durch Baumwolle- oder Seidenbespinnung isolirt zu einem Seil zusammengedreht, das noch einmal dicht mit Seide umsponnen ist.

An Aussenthüren sind statt der Druckknöpfe Zugknöpfe (Zugcontacte) in beliebiger Form und Ausstattung zu benutzen. Fig. 37 zeigt einen solchen Knopf. Im Zustande der Ruhe zieht die Spiralfeder S den Knopf K gegen die Platte P; die auf den Ebonitklotz E geschraubten Federn f f, an denen die Leitungsdrähte l, l_1 verbunden sind, liegen mit ihren freien Enden auf dem kleinen Ebonitklotz e, der den Metallring m trägt, von einander isolirt. Zieht man den Knopf K, so stellt der dadurch hochgezogene Metallring m Contact zwischen den Federn her und der Stromkreis ist geschlossen.

Fig. 38 zeigt einen Thürcontact, der an Laden- und Eingangsthüren, Fenstern etc. angewendet wird, um beim Oeffnen derselben eine oder mehrere Klingeln läuten zu lassen. Das Ganze wird in den Thürpfosten eingelassen, so dass die durchschnitten gezeichnete Platte a b mit der Oberfläche des ersteren abschliesst. f ist eine von a b isolirte mit einem Ende des Stromkreises verbundene Feder, die bei Be-

rührung mit c über a c f den Stromkreis schliesst. Die Figur zeigt
bei geöffneter Thür den geschlossenen Contact; sobald die Thür
zugemacht wird, drückt sie durch den vorstehen-
den Kloben e die Feder f von c ab, es schellt also
so lange, als die Thür geöffnet bleibt. Soll durch
solche Contacte eine Sicherheitsanlage gegen Ein-
bruch etc. hergestellt werden, so müssen fortläu-
tende Klingeln angewendet werden, die, auch wenn
die Thür rasch zugemacht wird, weiter bis zur
Abstellung läuten. Soll hingegen das Oeffnen und
Schliessen einer Thür nur durch ein kurzes Läuten
der Klingel angemeldet werden, so ist ein Schleif-
contact Fig. 39 anzubringen. Auf der Platte m
ist die Feder c mit dem Ebonitstück k befestigt,
parallel und isolirt zu dieser Feder ist Feder b
angebracht, jede dieser Federn ist mit einem Leitungsdraht verbunden. So oft nun der auf- oder
zugehende Flügel der Thür über das Ebonitstück k
vorübergeht, wird die Klingel läuten, und zwar so
lange als Contact durch Berührung der Federn c b
hergestellt ist.

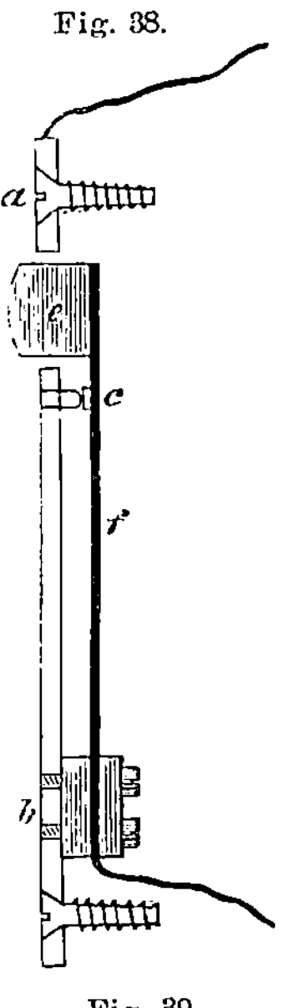

Fig. 38.

Man ist in der Anlage von Sicherheitsleitun-
gen so weit gegangen, unter den beweglich ge-
machten Fussboden des Eingangs zum Zimmer oder
in die Umgebung eines Geldschranks federnde Contacte zu befestigen, die dem Gewicht der sie be-
tretenden Person nachgebend Contact und dadurch
Läuten einer Klingel herzustellen.

Um Contactvorrichtungen beliebig ausser Betrieb zu setzen, wendet man einen Ausschalter
(Fig. 40) an.

Es giebt noch eine Reihe von Einrichtungen
zum Contactgeben, die für spezielle Fälle Bedeutung haben, die aber der grossen Mannigfaltigkeit
wegen nicht einzeln aufgeführt werden können,
wie z. B. Contacte, die den Wasserstand in einem
Reservoir anzeigen oder die Temperatur in verschiedenen Räumen markiren, ferner Contacte zur

Fig. 39.

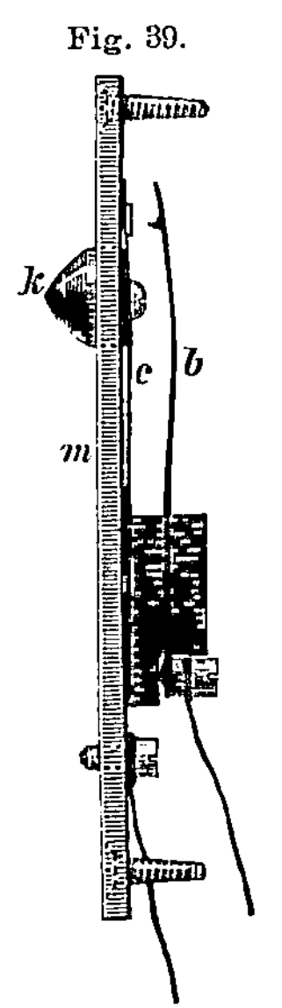

Verbindung elektrischer Klingeln mit mechanischen Klingelzügen, Knöpfe mit mechanisch auszulösender Fallscheibe u. s. w.

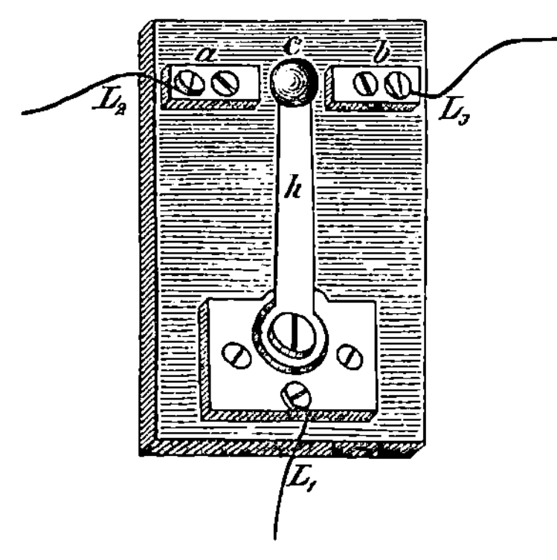

Fig. 40.

Der Aus- und Einschalter dient dazu, gewisse Apparate, z. B. Klingeln, Tableau-Nummern aus- oder einzuschalten; er besteht aus zwei nebeneinander auf einem polirten Holzbrett aufgeschraubten Messingschienen a b, die an den einander zugewandten Seiten einen sich nach unten zu verjüngenden Ausschnitt besitzen; wird in das so gebildete Loch der Metallstöpsel m eingesteckt, so ist die Leitung eingeschaltet, ist der Stöpsel entfernt, dann ist die Leitung ausgeschaltet. Dieser Apparat findet hauptsächlich Verwendung für Thürcontacte, um Tags über die Klingeln auszuschalten.

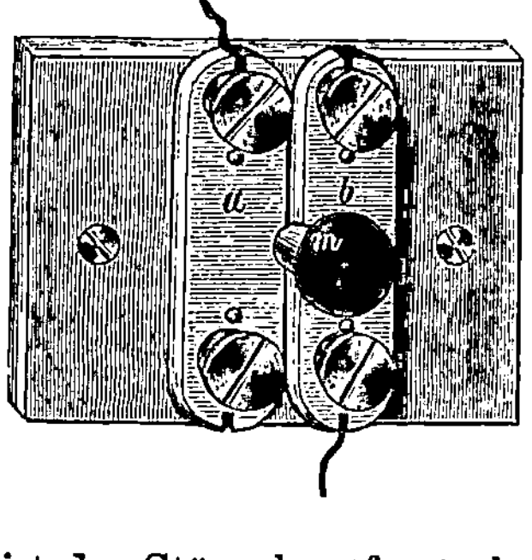

Fig. 41.

Durch den Kurbelumschalter Fig. 41 wird der Strom von einer Leitung auf die andere übertragen. a und b sind zwei mit den Leitungen L_2 und L_3 verbundene Messingplatten, auf welchen die Kurbel h, an der die Leitung L_1 verbunden ist, schleift. Je nachdem die Kurbel h auf a oder b gestellt ist, ist Leitung L_1 mit L_2 oder L_3 verbunden; wird die Kurbel auf c gestellt, so ist Leitung 1 unterbrochen. — In gleicher Weise lassen sich noch mehrere Messingplatten für fernere Leitungen anbringen, die dann in einem Halbkreise um die Kurbelaxe montirt werden.

Die Klingeln.

Klingel mit einfachem Schlag nach Breguet.

EE (Fig. 42) bildet den Elektromagnet, dessen Kerne auf einem gusseisernen Winkelstück befestigt sind, auf welches zugleich die Feder des Ankers A aufgeschraubt ist. Durch die Anschlagschraube b kann die Bewegung des letzteren beliebig begrenzt werden; die Feder des Ankers hält denselben in der Ruhe am Anschlag b fest. Auf der Stirnseite von A ist an einem etwas federnden Schwengel der Klöppel m angebracht, der bei jedem Ankeranzuge gegen die Glocke schlägt. Um einen reinen Ton der Glocke zu erhalten, darf der Klöppel beim Anschlagen die Glocke nur durch eine geringe Durchbiegung des Schwengels erreichen. Diese Klingel, die man einfach Einschläger nennt, wird für sich allein nur selten angewendet, weil der durch dieselbe hervorgebrachte Ton nicht vernehmlich genug ist. Der Schlag des Klöppels gegen die Glocke kann durch

Fig. 42.

Vergrösserung des Elektromagnet und durch Hebelübertragung, welche dem Klöppel einen kräftigen und starken Hub giebt, verstärkt werden. Im Allgemeinen werden einschlägige Klingeln für sich allein selten angewendet; es werden in einem späteren Abschnitte die Fälle besprochen werden, in welchen diese Klingeln in Verbindung mit selbstunterbrechenden zur Anwendung kommen.

Klingel mit Selbstunterbrechung. Rasselklingel.

Auf der Holzplatte H Fig. 43 ist der Eisenwinkel E, der die Glocke G, den Elektromagnet m, den Anker A mit dem Klöppel und die Unterbrechungsvorrichtung U trägt, auf dem Schenkel s des Eisenwinkels ist die Unterbrechungsvorrichtung U, isolirt durch eine Ebonitplatte vom Eisenwinkel, aufgeschraubt. Die Unterbrechungsvorrichtung besteht aus der mit Platincontact versehenen Feder f, die durch die Stellschraube t regulirt werden kann; die Feder f presst mit ihrem Platincontact gegen den Platincontact des Ankers A, welcher mittels einer kurzen Blattfeder b am Eisenwinkel befestigt

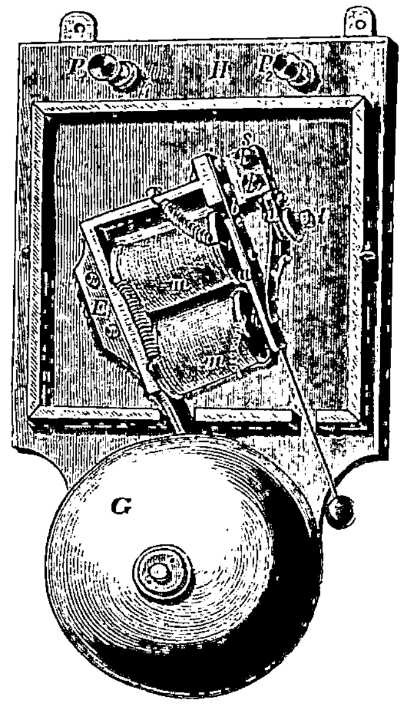
Fig. 43.

ist. P_1 und P_2 sind Klemmen, von denen P_1 mit dem Elektromagnet m, P_2 mit der Unterbrechungsvorrichtung U verbunden ist. Ueber den ganzen Mechanismus wird ein polirter Holzkasten gesetzt. Der Strom kommt von der Leitung durch Klemme P_2 zur Feder f, geht von deren Contact zu Contact des Ankers A über die Feder b, den Eisenwinkel E zum Elektromagnet m, durch dessen Umwindungen zu Klemme P_1 und zur Batterie. Sobald der Elektromagnet den Anker anzieht, wird der Contact an der Feder f und dadurch der Strom unterbrochen, der Anker geht vermöge der durch Feder b ausgeübten Wirkung zurück, legt sich gegen die Feder f, schliesst dadurch wieder den Strom und wiederholt sich der Vorgang, so lange der Strom andauert.

Es sind an Klingeln mit Selbstunterbrechung verschiedene Aenderungen in der Unterbrechungsvorrichtung oder in der Zusammenstellung der einzelnen Theile angegeben worden, die indess einzeln zu besprechen zu weit führen würde, zumal sie nicht allgemein in Gebrauch gekommen sind.

Klingel mit Fallscheibe. Markirklingel.

Bei dieser Klingel Fig. 44 sitzt auf dem Anker a ein Stift, gegen welchen ein um seine Achse drehbarer Winkelhebel w mit einer Nase anliegt, das andere Ende des Winkelhebels läuft in die Fallscheibe F aus. Wird der Anker durch den Strom angezogen, so lässt der Stift den Hebel frei, dieser fällt in Folge seines Uebergewichts nach unten und die Fallscheibe wird hinter dem Ausschnitt des Kastens sichtbar. Die vorgefallene Scheibe wird durch Zug an einer Schnur abgestellt. Diese Klingeln finden Anwendung in Räumen, in denen Dienstpersonal nicht zu jeder Zeit gegenwärtig ist; der Gerufene sieht beim Eintritt die vorgefallene Scheibe und erfährt dadurch, dass während seiner Abwesenheit die Klingel geläutet hat.

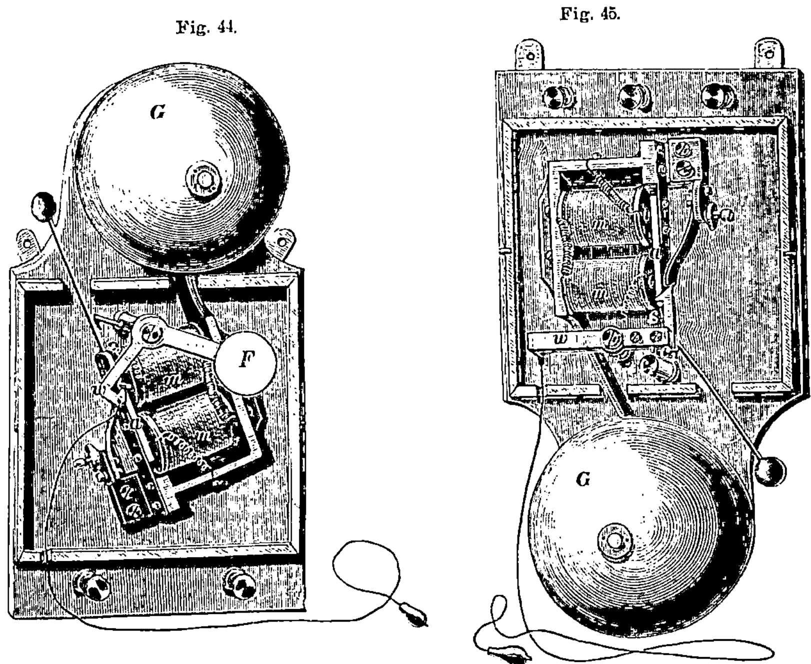

Fig. 44.

Fig. 45.

Klingeln, die bis zur Abstellung fortläuten.

Im Ruhezustande wird der Winkelhebel w Fig. 45 durch den am Anker a befestigten Stift s, in welchen sich die Nase des Winkelhebels w gelegt hat, festgehalten. Unter dem Einfluss des galvanischen Stroms wird der Anker a vom Elektromagnet m angezogen, Stift s lässt den Winkelhebel w frei, dieser fällt mit seinem Platincontact c_1 auf den Platincontact c_2 und stellt dadurch einen Stromkreis her, der so lange geschlossen bleibt, also die Klingel läuten lässt, bis der Hebel durch Zug an der Schnur wieder in seine Ruhelage gebracht wird.

Die Anwendung der Klingeln.

Sind in einem Stromkreise mehrere Klingeln mit Selbstunterbrechung hintereinander eingeschaltet, so werden dieselben nur schlecht miteinander arbeiten, weil eine Klingel die andere durch Unterbrechung des Stromes stört, denn es ist nicht möglich, den Federn aller Klingeln dieselbe Stärke zu geben, so dass alle Anker miteinander angezogen werden; ausserdem besitzen auch nicht alle Magnete dieselbe Anziehungskraft.

Man kann nun diesen Uebelstand dadurch vermeiden, dass man die Klingelleitungen nebeneinander legt, so dass jede Klingel unabhängig von der anderen ihren Strom erhält; doch braucht man bei dieser Anordnung oft etwas mehr Draht, als in dem Fall, wo die Klingeln hintereinander in einen Stromkreis geschaltet sind, und unter Umständen erhält auch jede der Klingeln eine geringere Stromstärke.

Ferner kann man aber auch nur einer dieser Klingeln eine Einrichtung für Selbstunterbrechung geben, während die anderen nur aus Einschlägern bestehen; es werden dann durch die Stromunterbrechung der Rasselklingel auch alle anderen Klingelmagnete ihre Anker loslassen. Es ist aber bei dieser Einrichtung eine gewisse Regulirung der Ankerfedern der Klingeln nöthig. Die Ankerfeder der Klingel mit Selbstunterbrechung muss etwas stärker angespannt sein als die der Einschläger, weil im umgekehrten Falle der Anker der Rasselklingel den Strom früher unterbricht, als sich der Magnetismus in den Magneten der Einschläger so weit entwickelt hat, dass er im Stande ist, die Anker anzuziehen. Die Ankerfedern der letzteren dürfen aber auch nicht bedeutend schwächer als die der Rasselklingel sein, weil die Einschläger dann nur ein kurzes klangloses Geräusch hervorbringen würden und zwar aus dem Grunde, weil die Federn nicht stark genug wären, um die Anker bei der Unterbrechung des Stromes weit genug von den Magnetpolen abzuziehen.

Ausserdem giebt es noch eine Art und Weise, um mehrere Klingeln zugleich zum Anschlagen zu bringen; dieselbe besteht darin, dass man die Klingeln mit Selbstunterbrechung in solche mit Selbstausschluss umwandelt. Fig. 46 zeigt diese Einrichtung. M. ist wieder der Elektromagnet und A dessen Anker. Der

Strom geht von L_1 direkt durch die Spulendrähte des Elektromagnets und durch L_2 zur Batterie zurück; der Anker wird angezogen und legt sich mit einem an demselben angebrachten Contact gegen die Contactfeder f, dadurch
wird dem Strom ein viel kürzerer Weg geboten als
vorher, der Strom geht jetzt zum allergrössten Theile
von L_1 durch f, A, a und über L_2 zur Batterie zurück, dadurch verliert der Magnet seinen Magnetismus, lässt den Anker los, der dann von der Abreissfeder c wieder an seinen Anschlag gelegt wird. Dies Spiel wiederholt sich, so lange der Strom andauert. Der Ankeranschlag wird
aber auch hier am besten durch eine Feder gebildet, wie bei der
Klingel mit Selbstunterbrechung, weil dieselbe dem Klöppel einen
guten Schwung verleiht und ausserdem das lästige Klappen beseitigt, welches durch das harte Aufschlagen des Ankers auf einen
festen Anschlag verursacht wird.

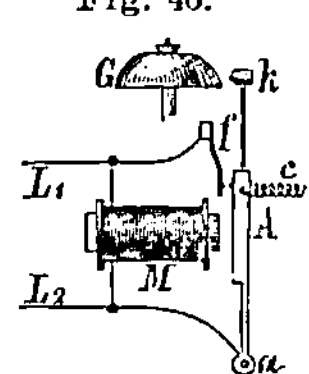

Sind nun z. B. in einem Stromkreise zwei Klingeln hintereinander anzubringen, so kann man entweder zwei Klingeln mit
Selbstausschluss anwenden oder auch nur eine solche und eine
zweite mit Selbstunterbrechung. Die ersteren sind jedoch allenthalben dort unbedingt anzuwenden, wo während des Contacts die
Unterbrechung des Stromes durch die Klingeln vermieden werden
soll, wie z. B. bei der Anwendung des Knopfs mit Rücksignal.

Unter allen Umständen schlägt aber eine Klingel mit Selbstausschluss nicht so kräftig an, wie es unter denselben Verhältnissen
eine solche mit Selbstunterbrechung thut. Dies hat seinen Grund
in den entstehenden Extraströmen. Erstens kommt bei der letzteren Klingel nur der Schliessungsextrastrom zur Geltung, während
bei der ersteren beide Extraströme ihre verzögernde Wirkung ausüben, und zweitens sind die Extraströme bei der Klingel mit Selbstausschluss viel stärker als bei der Klingel mit Selbstunterbrechung,
weil der Extrastrom bei der ersteren durch den kurzen Schluss
einen viel kürzeren Weg findet und daher sich viel stärker entwickeln kann als bei der letzteren, bei welcher derselbe die ganze
Leitung zu durchlaufen hat.

Um das Verständniss der verschiedenen Apparate und deren
Gebrauch möglichst schrittweise zu fördern, wird jetzt eine Reihe

von Beispielen der Anwendung der bisher beschriebenen Apparate in Verbindung mit den Leitungen vorgeführt werden.

Fig. 47 zeigt eine einfache Klingelleitung mit zwei Tasten. Für beide Tasten wird der grösste Theil der Leitung gemeinschaftlich benutzt; diesen Vortheil macht man sich natürlich immer zu Nutzen, wo man es kann, d. h. soweit die Lokalverhältnisse es zulassen. Würden z. B. die beiden Tasten weit von einander entfernt oder die Klingel gerade in der Mitte sein, so würde man von diesem Vortheil wenig oder gar keinen Gebrauch machen können.

Fig. 47.

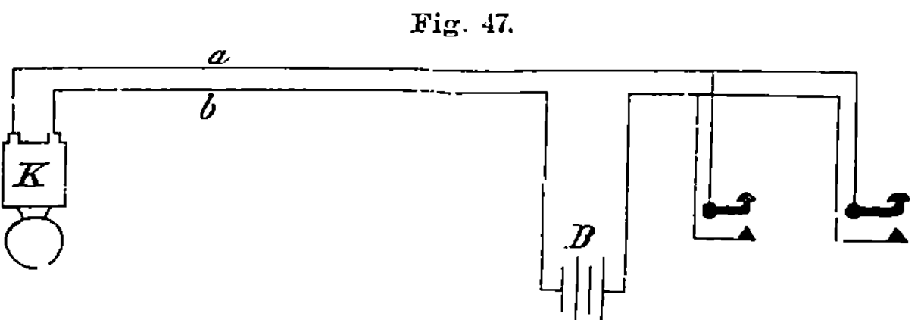

Bei dieser in der Fig. 47 dargestellten Einrichtung würde für jede Taste ein gewisses, durch mehrmaliges oder verschiedenartiges Drücken hervorzubringendes Signal zu bestimmen sein. Sollte noch eine zweite Klingel in denselben Stromkreis eingeschaltet werden, so hätte man den Draht a oder b einfach in der Form einer Schlinge nach dem betreffenden Ort, wo die zweite Klingel angebracht ist, abzuzweigen. Man würde also hier entweder Klingeln mit Selbstausschluss oder einen Einschläger in Verbindung mit einer Klingel mit Selbstunterbrechung wählen.

Die nächste Frage, die sich jetzt aufwirft ist die, welche Wickelung ist den Spulen der Klingeln zu geben?

Um diese Frage nach dem Paragraphen, der über die Konstruktion der Magnetisirungsspirale handelt, beantworten zu können, müssen zunächst die gegebenen Verhältnisse in Betracht gezogen werden.

Für den Elektromagneten einer gewöhnlichen Klingel und den Wickelungsraum seiner Spulen eignen sich folgende Massverhältnisse; den Eisenkernen giebt man eine Länge von 42 bis 45 mm und eine Dicke von 7—9 mm, dem Wickelungsraum eine Länge von 34—36 mm und eine Höhe von 5—6 mm. Diese Verhältnisse gelten aber nur für die gewöhnlichen Klingeln.

Die im ersten Abschnitt gegebenen Regeln über die Konstruktion der Magnetisirungsspiralen lassen sich nun in der Praxis meistens nicht genau durchführen, denn die gebräuchlichen Hausleitungen haben ja stets verschiedene Längen und die anzuwendenden Apparate können nicht in Bezug ihrer Wickelungen in jedem einzelnen Falle dem vorliegenden Zwecke genau angepasst werden, und um so weniger, wenn sie durch den Kleingewerbtreibenden vom Fabrikanten bezogen werden. Es kann sich also hier nur darum handeln, für einige wenige Durchschnittsleitungen die passendsten Widerstände der zu verwendenden Wickelungen zu finden. Es ist genau zu beachten, dass in Fällen, die Klingeln mit sehr starkem, weithin hörbarem Läuten erfordern, mit der Grösse der Glocke auch der Eisenwinkel, Anker, Selbstunterbrechungsvorrichtung und Elektromagnete im Verhältniss genommen werden.

Wenn man für die gewöhnlichen kürzeren Hausleitungen als Drahtlänge ein Durchschnittsmass von 100 m bei einer Drahtdicke von 0,9 mm rechnet, so erhält man für den Widerstand solcher Leitungen den Durchschnittswerth von etwa 3 E, vorausgesetzt, dass der verwendete Draht aus gutem Kupfer besteht. Die Durchschnittslänge grösserer Leitungen kann man auf 300 m von etwa 9 E Widerstand veranschlagen, und da hier unter sonst gleichen Anforderungen auch eine kleine Verstärkung der Batterie nöthig wird, so hat man für diese Leitung offenbar eine Wickelung zu wählen, deren Widerstand fast dreimal so gross ist wie der Widerstand, den die für die erstere Leitung erforderliche Wickelung erhält. Vollkommen genügend ist es nun, wenn für diese beiden Durchschnittsleitungen zwei Sorten Klingeln mit den dafür berechneten Wickelungen vorräthig gehalten werden, mit dem Vorbehalt natürlich, dass in speziellen abweichenden Fällen die zweckmässigsten Wickelungen besonders angefertigt werden.

Zur Bestimmung dieser beiden Wickelungen hat man nun in Betracht zu ziehen, dass in vielen Fällen die Klingel nicht der alleinige sich im Stromkreise befindende Apparat ist, sondern dass sehr oft auch noch eine Tableau-Nummer oder mehrere Klingeln hintereinander in einem Stromkreise angebracht sind. Da man nun, wenn dies nicht der Fall ist, der Wickelung, um ihrem Magneten die grösste Kraft zu geben, einen Widerstand ertheilen müsste, der dem der Leitung und der Batterie zusammengenommen gleich ist, und da erfahrungsgemäss zwei Leclanché-Elemente vollständig genügen, um eine Klingel mit Sicherheit functioniren zu lassen, so würde man den Magnetisirungsspiralen der Klingeln einen Widerstand von 8 E zu geben haben. Da nun aber, wenn auch noch eine Tableau-Nummer im Stromkreise vorhanden ist, dieser Widerstand auf beide Wickelungen zu vertheilen ist, so muss man, um einen Durchschnittswerth zu erhalten, auf 5—6 E Widerstand herabgehen. Dies wäre also die zweckmässigste Wickelung für eine Klingel bei Anwendung kürzerer Leitungen mit Leclanché-Elementen. Diese Wickelung erhält man bei den vorhin angegebenen Maasverhältnissen des Wickelungsraumes mit einem Draht von ungefähr 0,5 mm Durchmesser. Für die längere Leitung erhält man die zweckmässigste Wickelung mit einem Drahte von 0,40 mm Durchmesser; der Widerstand dieser Wickelung wird etwa 14—15 E betragen.

Sind zur Batterie Meidinger-Elemente bestimmt, so muss man, wegen des grösseren wesentlichen Widerstandes auch der Wickelung der Klingel einen höheren Widerstand geben. Werden z. B. bei einer Leitung von 100 m Länge Meidinger-Elemente angewendet, so nimmt man deren in der Regel 4, es wird also hier der Gesammtwiderstand des Stromkreises beträchtlich grösser als bei der Anwendung von Leclanché-Elementen. Man wählt daher für eine solche Leitung von den beiden vorhin berechneten Wickelungen diejenige, die den grösseren Widerstand hat. Bei längeren Leitungen, die mit Meidinger-Elementen betrieben werden, sind die Widerstände der Wickelungen besonders zu berechnen.

Fig. 48.

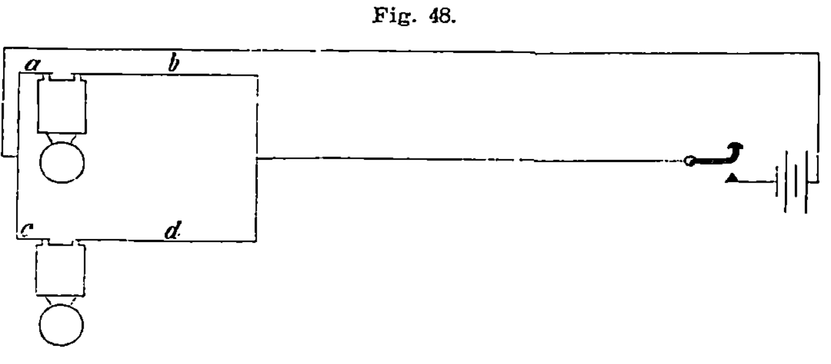

Fig. 48 zeigt die Nebeneinanderschaltung von zwei Klingeln. Sind die Widerstände derselben und deren Stromzweige a, b und c, d gleich gross, so erhalten beide Klingeln einen gleich starken Strom.

Fig. 49.

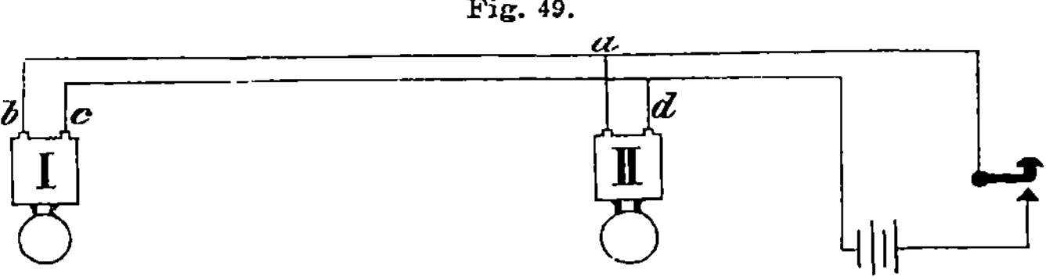

Fig. 49 stellt dieselbe Schaltung dar, nur mit dem Unterschied, dass die Klingel II sich in der Nähe der Batterie und des Knopfs befindet, während die Klingel I von denselben weit entfernt ist. Bei a und d würde sich der Strom in die ungleichen Stromzweige a, Klingel II, d und a b, Klingel I, c d verzweigen. Wären die Widerstände beider Klingeln gleich gross und der Widerstand der Leitungsdrähte a b und c a so gross, wie derjenige von einer Klingel, so würde Klingel I nur halb so viel Strom erhalten, wie Klingel II. Diese Stromdifferenz würde man nun dadurch ausgleichen können, dass man der Wickelung von Klingel II einen doppelt so grossen Widerstand giebt, es würde sich der Strom dann zwar in gleicher Weise vertheilen, aber die Klingel II hätte dann mehr Umwindungen als Klingel I; man dürfte also diesen Weg der Abhülfe nicht einschlagen. Man erreicht aber dadurch vollkommen seinen Zweck, dass man die Klingel II nicht mit der Leitung a b verbindet, sondern von derselben einen Draht extra zur Batterie führt und ihn dort so verbindet, dass für Klingel II ein kleinerer Theil der Batterie zur Wirkung kommt.

In Fig. 50 ist N eine Klingel, die während der Naht läuten soll, T eine Klingel, deren Geräusch in einem grossen Theil des

Fig. 50.

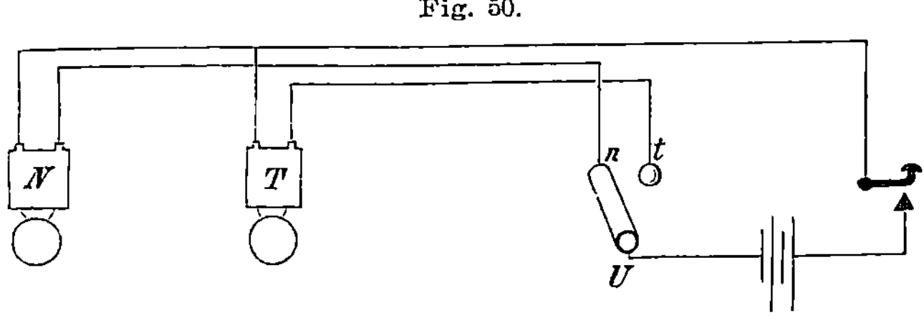

Hauses vernehmbar ist. Der Diener soll bei Tag sowohl wie bei Nacht gerufen werden können, während bei Nacht das Geräusch des Schellens im Hause vermieden werden soll. Es wird dann ein Umschalter, wie die Figur zeigt, angebracht, steht die Kurbel desselben auf n, so ist die Klingel für die Nacht, steht die Kurbel dagegen auf t, so ist die Klingel für den Tag eingeschaltet.

Fig. 51.

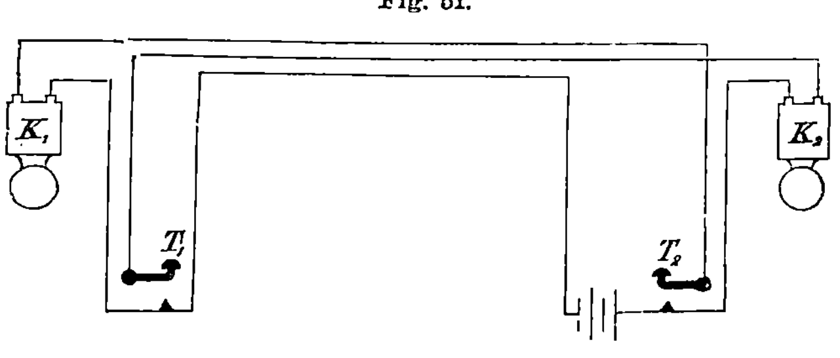

Die in Fig. 51 dargestellte Einrichtung ermöglicht einen Austausch von Klingelsignalen nach beiden Seiten. Wird der Knopf T_1 gedrückt. so ertönt die Klingel K_2, und wird T_2 gedrückt, ertönt K_1; es sind hier also von einem korrespondirenden Orte zum anderen 3 Drähte erforderlich. Aus kurzen und etwas länger andauernden Vibrationen der Glockenklöppel kann man sich eine Reihe von verabredeten Zeichen combiniren, so dass man auf diese Weise sehr wohl eine Art von Correspondence führen kann.

Sind aber die beiden correspondirenden Orte weit von einander entfernt, liegen dieselben z. B. in verschiedenen Theilen einer Stadt, so dass man genöthigt ist, eine Stangenleitung mit Isolatoren anzuwenden, so beschränkt man die Anzahl der Leitungen aus ökonomischen Gründen gern auf ein Minimum. Da man in solchen Fällen die Erde als Rückleiter benutzt, indem man an beiden Endpunkten der Linie Platten aus Kupfer oder Zink in die Erde versenkt, so kommt man bei der Einrichtung, die Fig. 52 zeigt, mit nur einer einzigen Leitung aus. K_1 und K_2 sind die beiden Klingeln, T_1 und T_2 sind Druckknöpfe mit drei Federn, a, d, c, von denen zwei: d und c im Ruhezustande aufeinander liegen. Für jede Station ist eine besondere Batterie erforderlich. E_1 und E_2 bilden die Erdplatten. Wird nun der Knopf T_1 niedergedrückt und dadurch der Contact bei a_1 geschlossen, während dadurch der Contact bei c_1 aufgehoben wird, so nimmt der Strom der

Batterie B_1 folgenden Weg: von der Batterie B_1 über a_1, d_1, durch die Leitung L, d_2, c_2, K_2, E_2, E_1 und zurück zur Batterie; hierauf

Fig. 52.

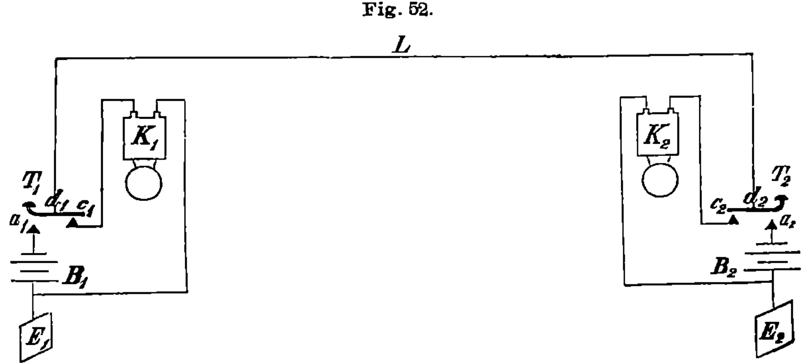

ertönt die Glocke der Klingel K_2. Drückt nun der Gerufene zur Antwort auf seinen Taster T_2, so kann er auf dieselbe Weise die Klingel K_1 zum Ertönen bringen.

Ist die Entfernung beider Stationen keine sehr grosse, sondern läuft die Leitung nur eine kurze Strecke im Freien, so ist es rathsam, die Erdleitung durch eine zweite Stangenleitung zu ersetzen, denn der Widerstand der Erdleitung, der keineswegs so sehr gering ist, würde hier den Strom unnöthig schwächen.

Fig. 53.

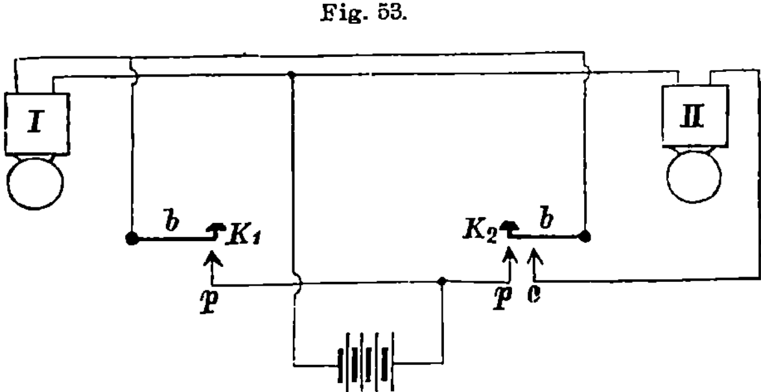

Fig. 53 zeigt die Anlage, bei welcher auf Knopf 1 Klingel I, auf Knopf 2 Klingel I und Klingel II läutet. Knopf 2 erhält drei Federn b p c, die von einander isolirt sind, während Knopf 1 der gewöhnliche mit zwei Federn b p ist.

Klingel mit Relais.

Ist die Entfernung, auf welche durch den Strom eine Klingel zum Schellen gebracht werden soll, eine sehr grosse, oder beabsichtigt man eine sehr grosse Kraft der Ankeranziehung bei einer Klingel, so schaltet man durch ein Relais eine zweite, kräftige Lokalbatterie ein. M (Fig. 54) ist der Magnet des Relais, dessen

Fig. 54.

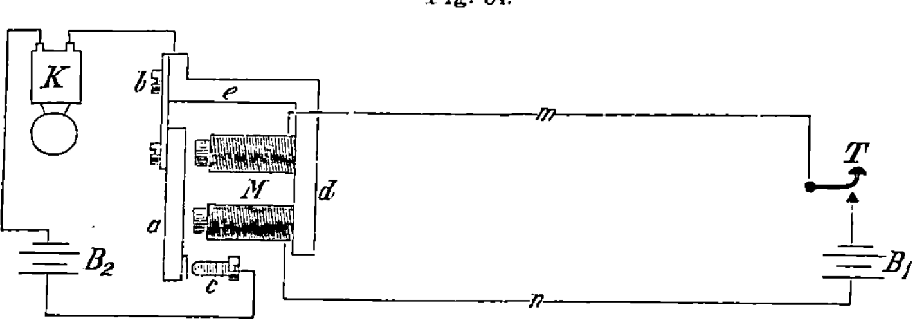

Kerne auf dem Winkelstück d e befestigt sind. Der mit seiner Abreissfeder bei b verschraubte Anker a ist mit einem Platincontact versehen, welcher beim Ankeranzug an die Contactschraube c gelegt wird, um dadurch den die Klingel enthaltenden zweiten Stromkreis mit der Lokalbatterie B_2 zu schliessen. Wird nun die Taste T gedrückt, so geht der Strom der Batterie B_1 durch m, M, n zurück zur Batterie; der Anker des Magneten wird angezogen, der Contact c geschlossen, und hierauf geht der Strom der Batterie B_2 über c, a, b, K zu B_2 zurück, die Glocke wird kräftig angeschlagen; sobald aber der Druck auf die Taste aufhört, wird der Relaisanker von seiner Abreissfeder vom Magnet abgezogen und der Strom der Lokalbatterie wieder unterbrochen. Bei gehöriger Construction des Relais braucht die Batterie B_1 nicht so gross zu sein, wie die zum Betriebe einer gewöhnlichen Klingel erforderliche, denn dem Anker des Relais giebt man nur einen sehr geringen Hub, auch die Abreissfeder desselben braucht nur eine solche Stärke zu haben, dass sie mit Sicherheit das Klebenbleiben des Ankers in Folge des remanenten Magnetismus der Eisenkerne verhindert. In solchen Fällen ist es auch zweckmässig, dem Magneten der Klingel im Ganzen etwas grössere Dimensionen zu geben; den Widerstand

der Wickelung desselben hat man möglichst dem der gewählten
Lokalbatterie gleichzumachen, während selbstverständlich die Zu-
führungsdrähte nicht zu lang zu nehmen sind.

Fig 55.

Relais mit Läutecontact von Siemens & Halske.

Dieser Apparat ist in seiner dargestellten Anordnung (Fig. 55)
für eine Ruhestromleitung bestimmt und dient z. B. bei Feuerwehr-
telegraphen zum Einschalten der Morseapparate. Ruhestromlei-
tungen nennt man solche, die in der Ruhe beständig vom Strom
durchlaufen werden, sämmtliche im Stromkreise befindliche Apparate

haben also in der Ruhe ihre Anker angezogen, beim Unterbrechen des Stromes leisten sie ihre Arbeit. Die Anwendung von Ruhestrom hat unter Umständen seine Vortheile, auf welche hier jedoch nicht weiter eingegangen werden soll, weil derselbe in der eigentlichen Haustelegraphie nur sehr selten angewendet wird. Dies Relais läst sich aber auch für Arbeitsstromleitungen einrichten, indem man die Schrauben m, r umtauscht und die Fangvorrichtung dem entsprechend verändert und kann dann in der Haustelegraphie Anwendung finden.

M (Fig. 55) zeigt einen gewöhnlichen Elektromagneten, dessen Anker aa in der Ruhe stets angezogen ist. Der um die Achse c drehbare Hebel b c d. an welchem eine Nummerscheibe befestigt ist, ist in dieser Lage des Ankers von dessen Schneide e bei e₁ gefangen. Der Linienstrom für das Relais tritt bei der Klemme 1 ein und bei 2 aus. Die Verbindungen für den Morseapparat werden an die Klemme K, die mit dem Anker in Verbindung steht und an die mit der Contactschraube m verbundene Klemme B gelegt. Wird nun der Linienstrom unterbrochen, so wird der Anker von der am Federspanner f befestigten Spiralfeder an m gelegt und somit der Stromkreis für den Morseapparat geschlossen. Der freiwerdende Hebel c d wird durch das Sinken des Gewichtes b in die Höhe geschnellt und legt sich gegen einen am Winkelstück i w v befindlichen Contact i. Zwischen der Klemme A und v ist eine Klingel mit einer Batterie eingeschaltet, deren Strom, weil A mit der Achse c in Verbindung steht, durch die Herstellung des Contactes bei i geschlossen und zum Schellen gebracht wird. Erst durch Hochheben des Gewichtes hört die Klingel auf zu läuten.

Signalglocke mit Relais von Breguet.

Fig. 56 zeigt die Einrichtung derselben. Diese Signalglocke ist im Stande lautere Schläge hervorzubringen als eine, wenn auch in grösserem Massstabe gebaute Rasselklingel. Die leitende Idee bei der Construction dieses Apparates ist, die Arbeit der einzelnen Ankeranziehungen sozusagen aufzuspeichern, um dann mit der gesammelten Arbeitskraft wuchtigere Schläge gegen eine Glocke auszuführen.

Der Magnet E dient hier nicht nur als Relais-, sondern auch als Arbeitsmagnet für den Lokalstrom. Der bei L ankommende

Linienstrom tritt über die Contactschraube s in die Feder c, gelangt durch den Hebel C in die Magnetspulen, den Anker a und
geht von dort über die Contactschraube b zur Erde. Der Anker
wird angezogen, wodurch, nachdem der Contact bei b geöffnet worden ist, der Strom unterbrochen wird. Die Abreissfeder hat
ausser der Zurückziehung des Ankers auch noch bei jedem Zug
durch die Schubstange S die Drehung des Rades R um einen Zahn
in der Richtung des Pfeiles zu bewirken. Bei dieser Drehung
schnappt der Hebel C von der, an einer Speiche des Rades be-

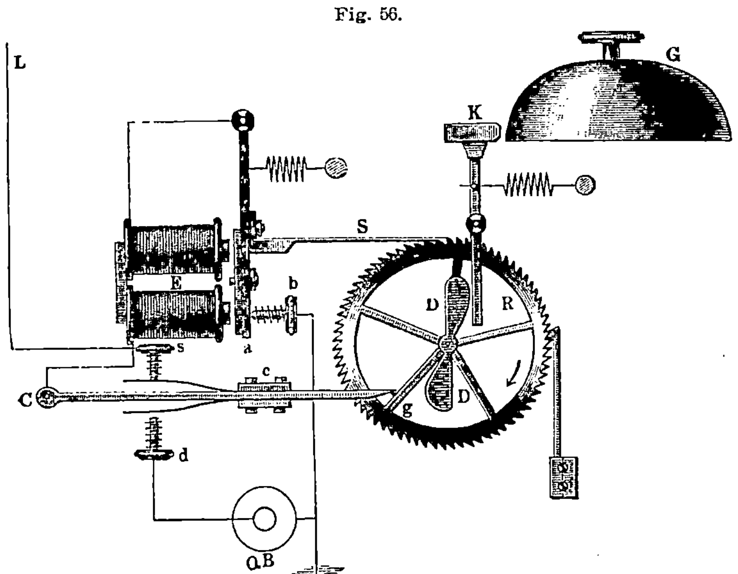

Fig. 56.

findlichen Nase g ab, legt sich mit der unteren Feder gegen die
Contactschraube d und eröffnet so dem Strom der Lokalbatterie O.B
einen Weg durch die Spulen des Elektromagneten E, worauf derselbe mit Selbstunterbrechung weiterarbeitet. Bei weiterer Umdrehung des Rades R wird der Klöppelhebel durch einen auf der
Achse des Rades befestigten Daumen D um seine Achse gedreht und
die Feder desselben angespannt; weil nun die Drehung des Rades
eine allmälige ist, kann die Feder des Klöppelhebels eine sehr kräftige sein. Nachdem der Daumen am Ende des Klöppelhebels an-
gelangt ist, schnappt der letztere von demselben ab und führt einen

starken Schlag gegen die Glocke. Nach einer Umdrehung des Rades R legt die Nase g den Hebel C mit der oberen Feder wieder gegen die Contactschraube s, wodurch die Lokalbatterie unterbrochen wird. Bei einer einmaligen Auslösung erfolgen also soviel Glockenschläge, als Daumen D vorhanden sind.

Die Signalglocke von Hagendorff.

Ueber das mit dem Sperrrade Z verbundene Kettenrad R (Fig. 57) ist die das Gewicht tragende Kette gelegt. An der Scheibe g, die

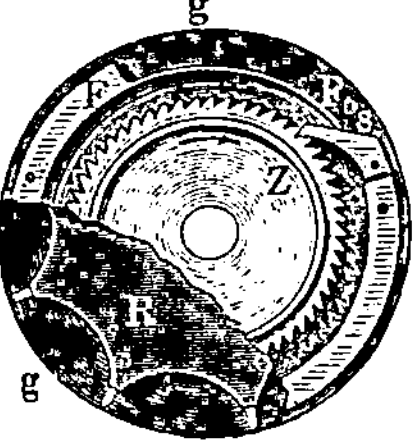

Fig. 57.

mit dem ersten grossen Zahnrade des Triebwerkes fest verbunden ist, sitzt der Sperrkegel s, der durch die Feder F beständig gegen die Zähne des Sperrrades gedrückt wird. Alle diese Theile drehen sich lose auf einer zwischen den beiden Seitenplatten des Triebwerkes befindlichen Achse. Beim Aufziehen des Gewichtes zieht man an den freien Enden der Kette, wodurch die beiden Räder R und Z in einer dem Pfeile entgegengesetzten Richtung in Umdrehung versetzt werden; die Räder werden bei dieser Drehung durch den aus den Zähnen derselben aus- und einfallenden Sperrkegel nicht gehemmt. Sobald nun aber das Gewicht in der entgegengesetzten Richtung zieht, wird der ausgeübte Druck durch den Sperrkegel auf das Sperrrad und durch dieses auf das ganze Räderwerk übertragen. Fig. 58 zeigt das Innere des Triebwerkes, indem der im Vorhergehenden beschriebene vordere Theil desselben weggedacht werden muss. An der Achse k ist der, in der Figur nicht sichtbare, gegen die Glocke schlagende Klöppelhebel befestigt, eine auf diese Achse gewundene Spiralfeder hat das Bestreben, den Klöppel gegen die Glocke zu drehen. Das mit 8—10 Hebestiften hh versehene Heberad II wird durch das Gewicht in eine durch den Pfeil bezeichnete Umdrehung versetzt, wobei der Hebestift h den Hebel 1 der Klöppelachse in der die Spiralfeder spannenden Richtung dreht; nachdem der Stift h unter dem Hebel 1 vorbeipassirt ist, schnappt letzterer ab, und die Spiralfeder wirft den Klöppel gegen die Glocke. Da das Läutewerk nur durch den elektrischen Strom ausgelöst werden soll, so ist folgende Einrichtung getroffen. Durch die Zähne des Rades II wird durch Eingriff derselben in ein Trieb 2 die Achse des letzteren g' mit dem Arm f gedreht; hinter der Platte B befindet sich der zum Auslösen des Läutewerkes bestimmte Elektromagnet, dessen Anker an einem mit der Achse dd verbundenem Hebel befestigt ist. Der Hub des Ankers wird durch Anschlagschrauben begrenzt. Auf der Achse dd ist zugleich der Hebel mit der Echappementgabel ee' befestigt. Die beiden Paletten e, e' der Gabel liegen nicht in einer Ebene, sondern e steht der Platte B näher als e', so dass der Hebel f bei angezogenem Anker, wie die Figur zeigt, durch e aufgehalten und bei der Ruhelage des Ankers durch e' arretirt wird. In dieser Lage von f ruht der Hebel l mit seiner äussersten Spitze auf einem der Hebestifte h, d. h. in dieser Lage ist der Klöppelhebel gespannt und zum Ausschlagen bereit. Geht jetzt ein Strom durch die Spulen des Magnets, so wird der Anker angezogen, die Gabel ee'

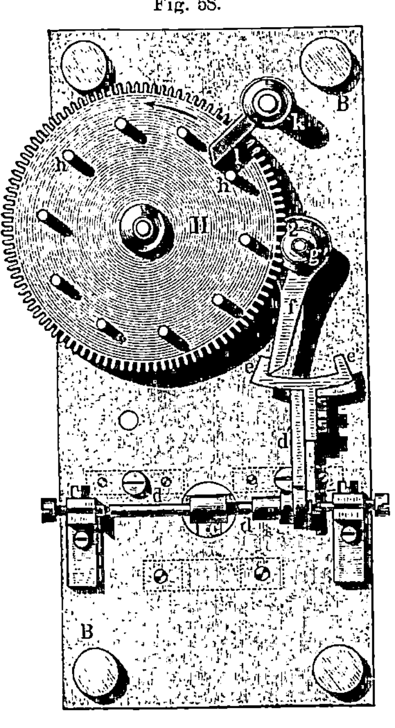

Fig. 58.

dreht sich von der Platte B ab und lässt den Arm f los, der dann durch e aufgehalten wird; der Hebel l ist durch die kleine Drehung des Rades II frei geworden und der Klöppel wird durch die Feder gegen die Glocke geworfen. So lange der Anker angezogen bleibt, steht das Triebwerk still, geht aber der Anker in seine Ruhelage zurück, so wird f auch bei e frei und vollendet ausserhalb der Echappementgabel den grössten Theil seines Kreislaufes, bis er sich wieder an e' anlegt; damit ist dann der Klöppelhebel für den nächsten Schlag abermals angespannt worden. Der Zeitraum zwischen zwei hergestellten Contacten muss mindestens so gross sein, wie f Zeit gebraucht, um eine Umdrehung zu vollenden. Durch Kombination von mehreren Glockenschlägen kann man auf weitere Entfernung mehrere verabredete Zeichen geben.

In Fällen, wo solche Glocken nicht ausreichen, z. B. in weit ausgedehnten Etablissements oder Fabrikräumen, in denen anhaltendes sehr starkes Geräusch durch Maschinen hervorgerufen wird, sind Eisenbahn-Läutewerke anzuwenden, die entweder mit Batterie oder Inductionsstrom ausgelöst werden.

In manchen Fällen ist es erwünscht, eine lärmende Rasselklingel durch eine solche zu ersetzen, die kein so starkes Geräusch hervorbringt, sondern nur einen tempomässigen Glockenschlag hören lässt, so lange durch Druckknopf Contact hergestellt ist. Eine solche Klingel wird ihre Anwendung finden, wenn der Gerufene den Ort, an welchem sich die Klingel befindet, oft auf kürzere Zeit verlässt.

Keiser & Schmidt in Berlin haben auf solche Klingel ein Patent erhalten (Fig. 59). Die Unterbrechungsvorrichtung besteht aus dem Metallrohr R, welches in schräg geneigter Lage ruht. In demselben liegt die Metallkugel K, die in der Ruhelage gegen die Feder f anliegt und diese gegen den Contactstift c drückt. Wird der Anker a vom Elektromagnet m angezogen und schlägt mit dem Stift s gegen die Kugel K, so wird diese durch den Stoss in das Metallrohr geschleudert, die Contactfeder, von dem Gewicht der Kugel entlastet, geht zurück und hebt den Contact bei c auf; der Anker a wird, da der Strom unterbrochen ist, vom Elektromagnet freigegeben und

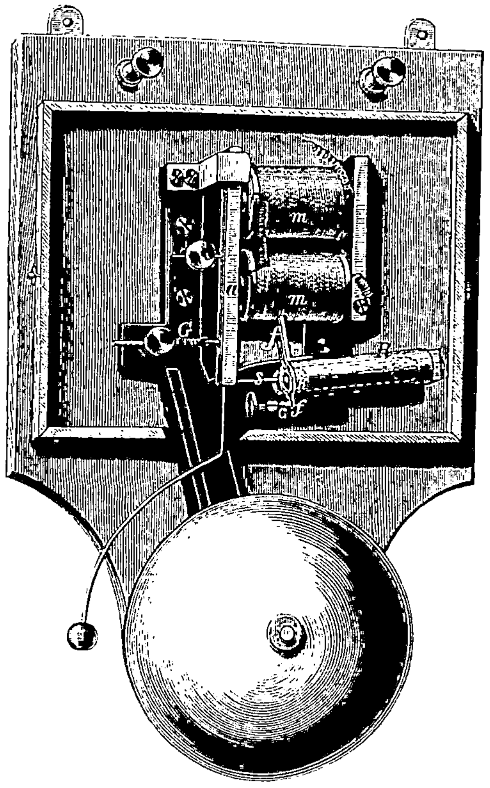

Fig. 59.

durch die Abreissfeder G in seine Ruhelage gebracht. Sobald die Kugel K in ihre Ruhelage zurückgerollt ist, drückt sie durch ihr Gewicht wieder auf die Feder f und stellt den Contact bei c wieder her, der Anker wird wiederum angezogen und das Spiel wiederholt sich so lange, als der Strom durch die Klingel geht. Durch Stellung des Metallrohrs in eine mehr senkrechte oder horizontale Lage können die Intervalle, in welchen die Schläge der Klingel erfolgen sollen, beliebig lang bemessen werden. Die Klingel eignet sich besonders für Hôteltelegrapheneinrichtungen als Controleklingel; es ist zu diesem Zweck in jedem Tableau in der Etage ein Contact einzusetzen, der durch Fallen einer Klappe eingeschaltet wird und dadurch diese Klingel so lange in Betrieb hält, bis die Klappe abgestellt wird.

Auf andere Weise hat Wagner in Wiesbaden durch seinen elektrischen Apparat zur Erzeugung langsamer Schläge an elektrischen Glocken (D. R.-P. 8539) dasselbe Resultat erreicht.

„Ein an einer Schneide aufgehängtes Pendel wird dadurch in schräger Lage festgehalten, dass es sich vermöge des am unteren Ende der Pendelstange angebrachten drehbaren Schnäppers F gegen den Anker eines Elektromagneten A lehnt. Sobald aber dieser Elektromagnet erregt wird (was durch einen Druck auf den zur Auslösung der Klingel bestimmten Knopf geschieht), giebt der herabgezogene Anker das Pendel frei und es kann seine Schwingungen dann ungehindert wiederholen, weil im gleichen Augenblicke die Abreissfeder des Elektromagneten B den Anker desselben um den Drehpunkt C dreht, wodurch der obere an dem Anker befindliche Ansatz D unter den auf seiner unteren Seite flachen Ansatz E des ersten Ankers schnellt und eine Fixirung der Stellung desselben bewirkt.

Den Schwingungen des Pendels folgt die mit ihm verbundene bewegliche Schiebeklinke (der Schieber) G, welche das nachstehend beschriebene Spiel folgender Theile beherrscht.

J stellt den drehbaren Sector eines Sperrrades (Rechen) vor; K ist der dazu gehörige Sperrhaken (Sperrklinke); L ist ein mit dem Rechen fest verbundener Daumen, welchen in der Ruhelage die Feder N gegen den Stift M drückt; Q endlich ist ein drehbarer Kreissector, welcher seinen Bewegungspunkt gemeinsam mit dem Rechen auf einem Ansatzstift hat und lose auf dem Rechen liegt, wo er sich zwischen den zwei an demselben angebrachten Stiften bewegt. Der Sector Q hat einen etwas grösseren Durchmesser als der Rechen.

Angenommen nun, der Sperrhaken K liege in der ersten Lücke des Rechens J zur Zeit, wenn das Pendel seine Bewegung von links nach rechts beginnt, so verlegt ihn dessen erste Rückschwin-

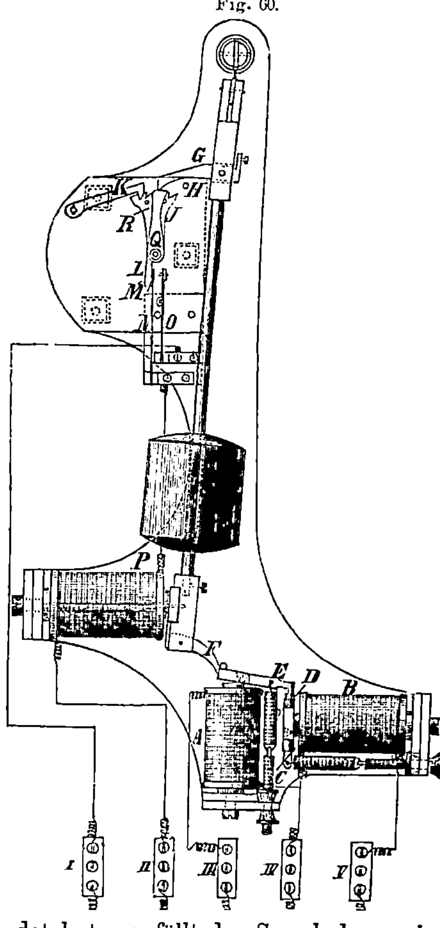

Fig. 60.

gung nach links vermittelst des Schiebers G, der durch den Stift H regulirt wird, in die zweite Lücke. Bei der nachfolgenden Schwingung nach links, während welcher der Rechen noch weiter nach links geschoben wird, kann aber der Sperrhaken nicht wieder in eine Lücke fallen, er wird vielmehr wegen des Stiftes rechts am Rechen auf den Auslenker Q geschoben und gehoben und nun führt in demselben Augenblick, in welchem der Schieber G von der Spitze des äussersten rechts gelegenen Zahnes am Rechen abspringt, die Feder N durch ihren Druck auf den Daumen L den Rechen plötzlich wieder in seine ursprüngliche Lage zurück. Da aber hierbei der Auslenker Q durch den Stift R unter dem Sperrhaken hinweg früher nach rechts geworfen wird, als der Rechen seinen Sprung (nach rechts) vollen-

det hat, so fällt der Sperrhaken wieder in die erste Lücke ein. Es befinden sich jetzt alle Theile des Mechanismus wieder in ihrer anfänglichen Lage und das beschriebene Spiel kann von neuem beginnen.

Zur Unterhaltung desselben und zugleich zur Erregung einer

elektrischen Klingel wird der galvanische Strom dienstbar gemacht, zu welchem Zwecke gegenüber der Feder N in ganz gleicher Weise die Feder O angebracht und von N isolirt ist.

Sind nun die Federn N und O mit den Polen einer galvanischen Batterie verbunden und in die Leitung der Elektromagnet P und die Klingel eingeschaltet, so lässt das Pendel, während es ruht, den elektrischen Strom zwischen dem Platinplättchen und dem Platinstift der Federn N und O offen, es mag der Sperrhaken in der ersten oder zweiten Lücke der linksseitigen Zähne des Rechens liegen. Während der Apparat seine Bewegungen macht, wird die Feder N gegen die Feder O gebogen und weil der gegenseitige Abstand der Federn an der Contactstelle so bemessen ist, dass kurze Zeit, bevor der Rechen wieder in seine erste Lage zurückspringt, oder, was dasselbe ist, bevor das Pendel seinen zweiten Gang nach links vollendet hat, N und O sich oben berühren, so wird der elektrische Strom für kurze Zeit geschlossen, der Elektromagnet P zieht den am Pendel befestigten Anker zu sich und ersetzt hierdurch die verlorene Schwungkraft. Zu gleicher Zeit giebt die in den Strom geschaltete Klingel einen Glockenschlag und sofort wird durch die mit dem Rechen zurückspringende Feder N der Strom wieder geöffnet, worauf das Spiel des Mechanismus sich wiederholt, bis das Pendel wieder arretirt wird. Dies geschieht durch Schliessung eines elektrischen Stromes, in welchen der Elektromagnet B eingeschaltet ist (z. B. durch den Druck auf den an dem Nummertableau angebrachten Knopf). Sobald nämlich der Elektromagnet B erregt, folglich der Anker desselben angezogen wird, zieht die Spiralfeder an dem Anker des Magneten A den Ansatz E herunter, wodurch der Anker auf der linken Seite so hoch kommt, dass der Schnäpper F hinter dem Anker einfallen muss und hierdurch das Pendel verhindert wird, zu schwingen."

Beide Constructionen zeichnen sich vor den älteren dadurch aus, dass sie ohne Uhrwerk arbeiten und das lärmende Fortschellen vermeiden und sind gerade wegen dieser Vorzüge für Controle besonders in Hôtels zu benutzen.

Die Signalscheiben oder Klappenapparate.

Wenn von verschiedenen Orten aus Jemand durch dieselbe Klingel gerufen werden soll, so ist bei dieser Klingel ein Nummerkasten anzubringen, der dem Gerufenen zugleich mit dem Läuten der Klingel durch ein auf elektromagnetischem Wege erfolgtes sichtbares Zeichen den Ort angiebt, von wo aus gerufen wurde. Diese Apparate sind für grosse Wohnungen, Bureaux, Hôtels unentbehrlich; ohne sie wüsste der Gerufene nicht, von wo er verlangt wird und es würde statt eines schnellen Dienstes eine Verlangsamung desselben und möglicherweise Confusion entstehen. Die Signalscheiben sind entweder so angebracht, dass von der Vorderseite des die Magnete enthaltenden Tableaukastens Scheiben nach aussen hin herabfallen, die dann einzeln durch die Hand wieder aufgehoben werden müssen, oder dieselben befinden sich hinter einer im Ganzen undurchsichtigen, aber mit durchscheinenden Fensterchen versehenen Glasplatte, so dass die herabgefallene Nummer oder Scheibe hinter derselben sichtbar wird. Bei dieser letzteren Einrichtung wird die gefallene Scheibe durch eine Zugstange mittelst Zug oder Stoss von aussen wieder gehoben in der Weise, dass durch denselben Zug oder Stoss alle etwa gefallenen Scheiben auf einmal wieder aufgerichtet werden können. Man wendet aber auch solche Signalscheiben an, die nicht wie die vorhergehenden durch die Anziehung eines Ankers ausgelöst werden und dann durch ihre eigene Schwerkraft ihre Funktion ausüben, sondern bei welchen die ganze auszuführende Bewegung der Scheibe durch die Einwirkung des elektrischen Stromes selbst bewirkt wird und zwar durch die Abstossung eines magnetisirten Stahlankers, an welchem

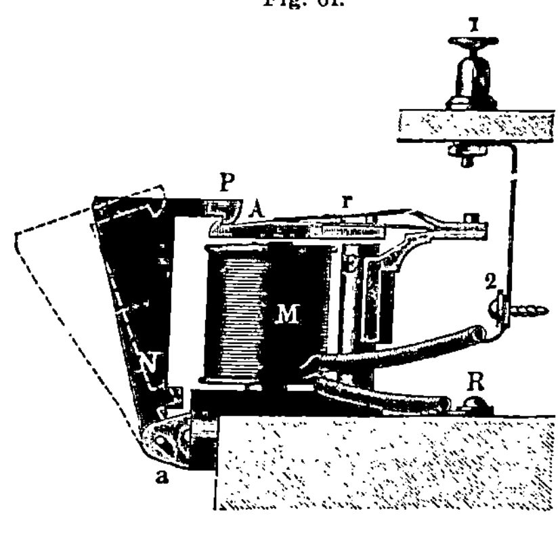

Fig. 61.

dann die Nummerscheibe befestigt ist. Die Abstellung, d. h. die Einstellung der Nummerscheibe in ihre Ruhelage wird hier ebenfalls durch den Strom bewirkt, und zwar entweder durch den Wechselstrom d. h. durch die Umkehrung des Stromes oder durch die Anbringung eines zweiten Elektromagneten mit besonderer Leitung. Diese Abstellungseinrichtung kann entweder am Tableau selbst, oder an irgend einer anderen Stelle der Leitung angebracht werden.

Fig. 61 zeigt eine Signalscheibeneinrichtung von Breguet. Der durch die Abreissfeder r in der Ruhe vom Magneten fern-gehaltene Anker A hält mit einer an demselben befindlichen Nase die um a drehbare Fallscheibe N an ihrer Nase P in ihrer senkrechten Stellung fest. Der bei R ankommende Strom umkreist den Magnet und gelangt durch 2 und die Klemme 1 wieder zur Batterie zu-

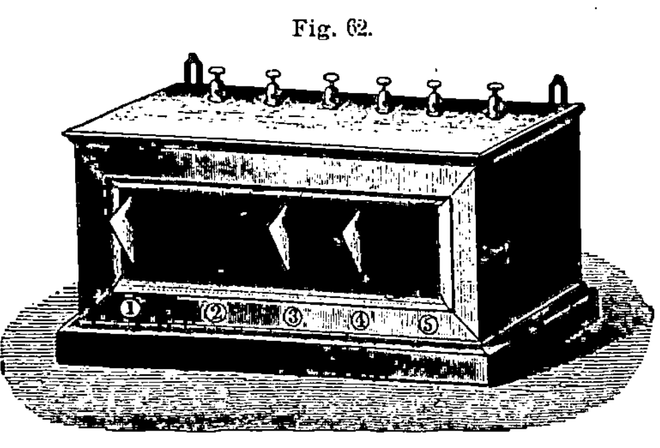

Fig. 62.

rück, der Anker wird angezogen, macht die Nase P frei und lässt N durch ihr Uebergewicht in die punktirte Lage fallen.

Am Tableau sind unter den Fallscheiben die Orte bezeichnet, von wo aus signalisirt worden ist. Fig. 62 stellt ein solches Tableau mit 5 Nummern dar.

Die allgemein gebräuchliche Signalscheibe (Klappe) ist die von Hagendorff construirte. Fig. 63 zeigt dieselbe in der Lage, die sie nach eben erfolgtem Signal einnimmt. Die Kerne des Magneten mm sind an der Seitenwand P' von Gusseisen verschraubt, welch letz-tere mit der Bodenplatte P ein Winkel-stück bildet; die Achse des Fallscheiben-hebels bc, auf welchem die Nummer-scheibe s von Papier befestigt ist, hat ihre Zapfenlagerung einerseits in der Bodenplatte P und andererseits in einer auf P' aufgesetzten Lagerplatte. Der bei g mit seiner Abreissfeder befestigte Anker a ist in der Figur angezogen dargestellt und die Nase e des Hebels bc hat den Stift n, an welchem der Hebel in der Ruhelage mittelst der

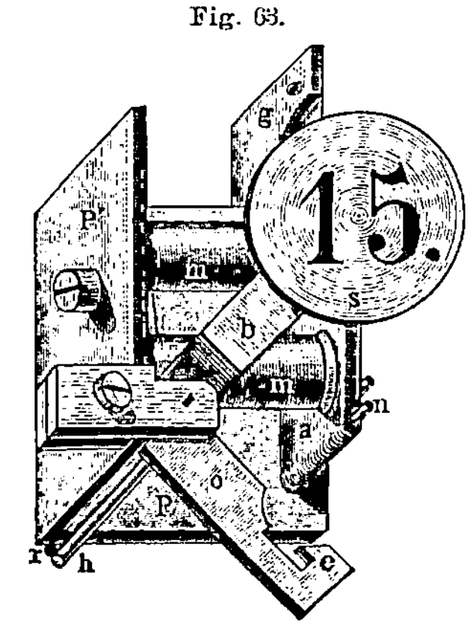

Fig. 63.

Nase e aufgehängt ist, verlassen; der Winkelhebel ist durch sein Uebergewicht herabgefallen und hat sich mit dem in der durchbohrten Achse des Hebels befestigten Querstifte h gegen den Anschlag r gelegt.

Zur Abstellung dient die in Fig. 64 abgebildete für 3 Tableau-Nummern bestimmte Einrichtung. Die eiserne Zugstange ab ist mit drei Einschnitten versehen, von welchen je einer den Stift h einer Tableau-Nummer aufnimmt. Der Winkel d, in welchem der bei b an der Zugstange befestigte Stab c gelagert ist, sitzt noch innerhalb des Tableaukastens, während der Knopf k ausserhalb der rechten Seitenwand desselben angebracht ist. Der aufgeschnittene Cylinder C dient der Zugstange als zweite Führung, und durch den in demselben befestigten Stift s wird die Stange zugleich mittelst des Einschnittes i in ihrer Bewegung begrenzt. Durch Ziehen an dem Knopf k hebt man die Fallscheiben mittelst des

Fig. 64.

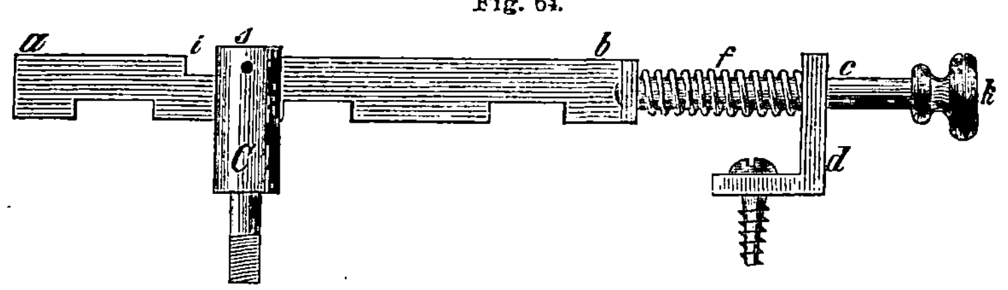

Stiftes h (Fig. 63) wieder in die Höhe, wobei die Nase der ersteren wieder hinter dem Stifte n einschnappt. Die Spiralfeder f führt die Stange wieder in ihre Ruhelage zurück.

Die Figuren 65 und 66 zeigen eine Signalscheibe mit Abstellvorrichtung, auf welche im Juni 1880 von L. E. Schwerd in Karlsruhe ein Patent angemeldet wurde. Die Kerne des Magneten mm (Fig. 65) sind auf der auf die Holzplatte des Tableaukastens aufzuschraubenden gusseisernen Platte P befestigt; an P sind die beiden Ständer l_1 und l_2 angegossen. Der die Signalscheibe s tragende Hebel d ist mit seiner Achse x theils in der Bodenplatte P, theils in der auf l_2 aufgeschraubten Lagerplatte w gelagert. Auf l_1 ist mit einem Sattel o der Anker a mit seiner Abreissfeder f aufgeschraubt; der Anker findet seinen Ruheanschlag an dem ösenförmig gebogenen, in einem der Eisenkerne befestigten Stift h. Auf den Anker ist ein nach hinten schräg abgefeilter Fangstift o aufgeschraubt, der sich, wenn der Hebel d fast senkrecht steht, vor die Kante i des letzteren legt, und so ein Herabfallen der Scheibe verhindert; erst wenn der Anker angezogen wird, wird d frei und fällt herab, wobei der an der Achse x befestigte Stift e am Ständer l_2 seinen Anschlag findet. Die Vorzüge dieser Fallscheibenvorrichtung sind, dass sich alle Theile der Tableau-Nummer einzeln abschrauben lassen, ohne dass es nöthig ist, die ganze Nummer aus dem Tableaukasten herauszunehmen. Ferner ist mittelst des Sattels o eine bequeme Federspannung des Ankers zu erreichen, und die Signalscheibe bietet bei grösster Einfachheit noch die Möglichkeit, die in Nachfolgendem beschriebene verticale Abstellvorrichtung anzubringen.

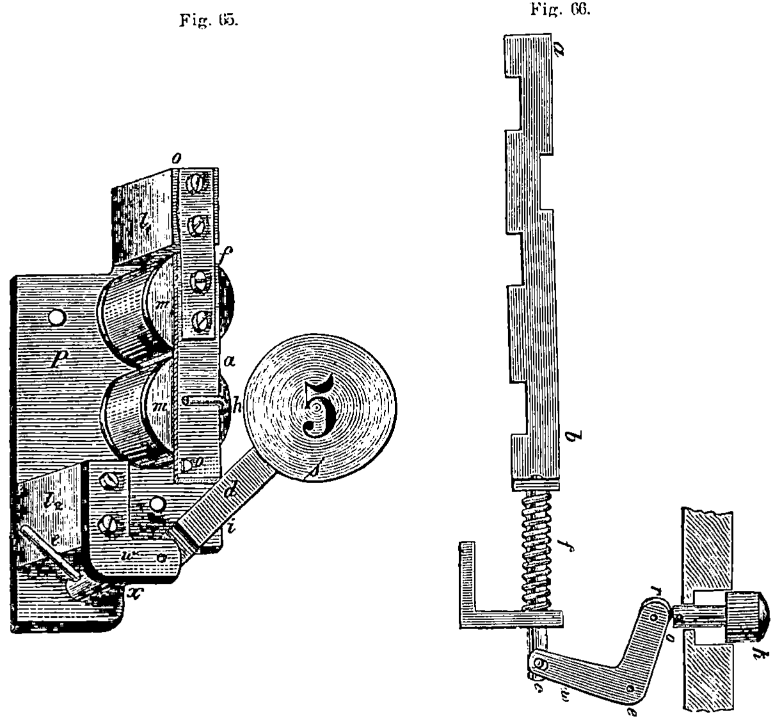

Fig. 65.　　　　　　　Fig. 66.

Fig. 66 zeigt diese Abstellung. a b ist die im Tableaukasten vertical liegende Zugstange. Anstatt durch Zug wird die abstellende Bewegung hier jedoch durch Druck ausgeübt. Der um e drehbare Winkelhebel o w ist bei w zweifach geschlitzt, in einem der Schlitze liegt das flachgefeilte Ende des Führungsstabes c, welcher dann durch einen, im zweiten Schlitze liegenden Querstift, der in c befestigt ist, mit dem Winkelhebel gelenkartig verbunden ist und so die Bewegung des letzteren mitmachen muss. Der im Kastendeckel befindliche Abstellknopf k drückt sich in eine Bohrung desselben hinein und pflanzt seine Bewegung auf den Winkelhebel o w fort, der behufs Verminderung der Reibung mit einer Gleitrolle r versehen ist. In den Einschnitten der Stange a b kommen die Stifte e der Tableau-Nummern zu liegen.

Fig. 67 zeigt ein Stromschema für 3 Knöpfe mit 3 Signalscheiben und einer Klingel. Wird z. B. der Knopf T_1 gedrückt, so geht der Strom der Batterie über T_1 zur Klemme a am Tableau,

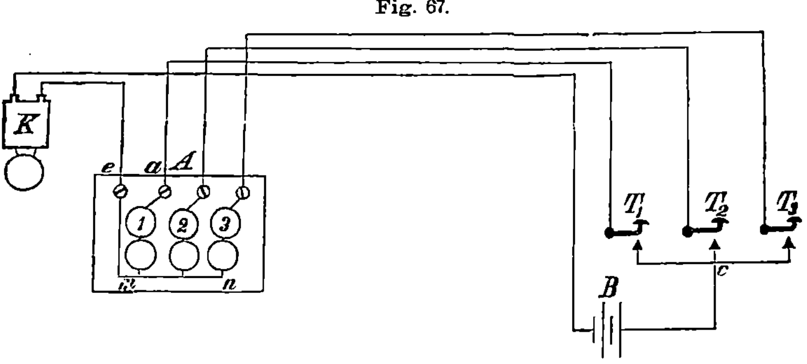

Fig. 67.

durch die Magnetspulen der Tableau-Nummer 1 zu der im Tableaukasten befindlichen Schiene m n, mit der ein Enddraht der Spulen von allen Magneten verbunden ist, zur Klemme e und über die Klingel K zur Batterie zurück.

Soll die Klingel fortläuten, so ist in den mit den Spulen von allen Magneten verbundenen Draht ein Relais einzuschalten, das dann gleichzeitig mit jeder Klappe fällt und eine Batterie für die Klingel einschaltet, die so lange thätig bleibt, bis mit dem Abstellen der Klappe zugleich das Relais abgestellt wird.

Für den Magneten einer Klappe wählt man zweckmässig folgende Dimensionen.

Den Magnetkernen giebt man eine Länge von 38—40 mm und eine Dicke von 6—7 mm, der Wickelungsraum der Spulen erhält eine Länge von etwa 32 mm und eine Höhe von 5 mm. Die Anziehung des Magneten der Tableau-Nummer braucht keine so kräftige zu sein, wie die der Klingel, weil die Abreissfeder an ersterer schwächer gespannt sein kann als bei der letzteren; auch soll der Ankerhub bei der Tableau-Nummer geringer sein als bei der Klingel. Jedoch muss die Kraft der Anziehung bei ersterer so gross sein, dass der Anker derselben mit Sicherheit früher angezogen wird als der der Klingel, weil sonst wegen der Stromunterbrechung der letzteren die Tableau-Nummer versagen würde. Schon aus diesem Grunde muss daher auch in allen Fällen, wo sich eine Klingel mit Selbstunterbrechung und eine Tableau-Nummer in einem Stromkreise befinden, die Ankerfeder der Klingel ziemlich stark angespannt werden.

Die zweckmässigste Wickelung für die Spulen der Tableau-Nummer ist die, wenn dieselbe ungefähr die Hälfte des Widerstandes der dazu gehörigen Klingelspulen erhält. Haben die Klingelspulen 5—6 E Widerstand, so wählt man für die Bewickelung der Tableauspulen einen Draht von ungefähr 0,55 mm Durchmesser, haben die Klingelspulen 15 E Widerstand, so bewickelt man die dazu gehörigen Tableauspulen mit einem Draht von ungefähr 0,45 mm Durchmesser.

Signalscheibe mit polarisirtem Anker.

Diese Signalscheiben wirken ausnahmslos durch die Abstossung eines leichten magnetisirten Stahlankers. Fig. 68 zeigt eine solche Signalscheibe gebräuchlicher Construction. An einem leichten, um die Achse c drehbaren, permanenten Magnetstabe a b ist die Nummerscheibe s befestigt. M_1 und M_2 bilden zwei Elektromagnete, deren Drahtenden d und e zusammen an eine gemeinschaftliche Leitung L_2 gelegt werden. Wird nun zum Rufen ein Knopf niedergedrückt, so gelangt der Strom durch die Leitung L_1 zum Magneten M_1 und geht über L_2 zur Batterie zurück, das obere

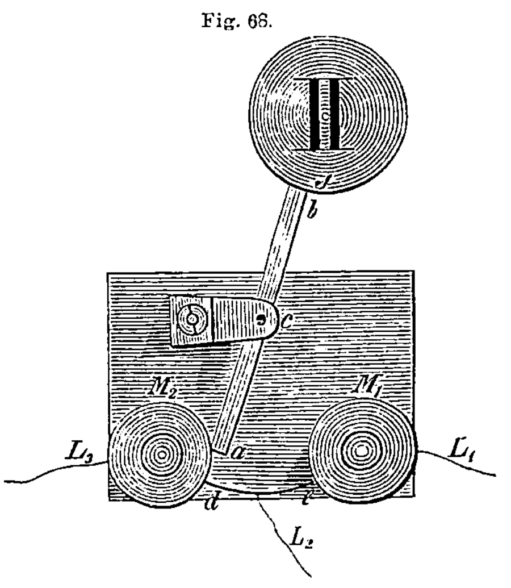

Polende von M_1 nimmt denselben Magnetismus an, den das an letzterem anliegende Ende a des Magnetstabes a b besitzt, in Folge dessen wird das Stabende a abgestossen und legt sich gegen M_2, während die Nummer der Signalscheibe hinter einem Fensterchen am Tableau sichtbar wird. Wenn jetzt auf einen, am Tableau angebrachten Knopf gedrückt wird, so wird dem Strome unter Benutzung der Leitung L_3 ein neuer Weg durch die Spule des Magneten M_2 eröffnet, es erfolgt abermals eine Abstossung, wodurch die Signalscheibe wieder in ihre vorige Lage zurückgebracht, d. h. abgestellt wird.

Fig. 69 zeigt das Schema für eine Leitung mit 4 Knöpfen unter Anwendung von 4 der in Fig. 68 dargestellten Signalscheiben. Das Drahtende der Spule von M_1 und der Drahtanfang der Spule von M_2 werden bei jeder Tableau-Nummer an die allgemeine Schiene m n, welche mit dem Zinkpol der Batterie verbunden ist, gelegt, das Drahtende von M_2 führt bei jeder Nummer zu dem dazu gehörigen Knopf, und alle Anfänge der Spulendrähte von M_1 sind bei a verbunden, wie die punktirten Linien in der Figur andeuten; c ist eine im Tableau angebrachte und mit dem Kohlepol der Batterie verbundene Contactfeder. Wird nun T_1 gedrückt, so geht der Strom vom Kohlepol der Batterie zur Klingel, über T_1 zur Spule M_2, der Nummer 1, in die Schiene m n und von dort zum Zinkpol der Batterie; die Signalscheibe 1 wird also sichtbar. Durch Drücken auf einen am Tableau befindlichen Abstellknopf

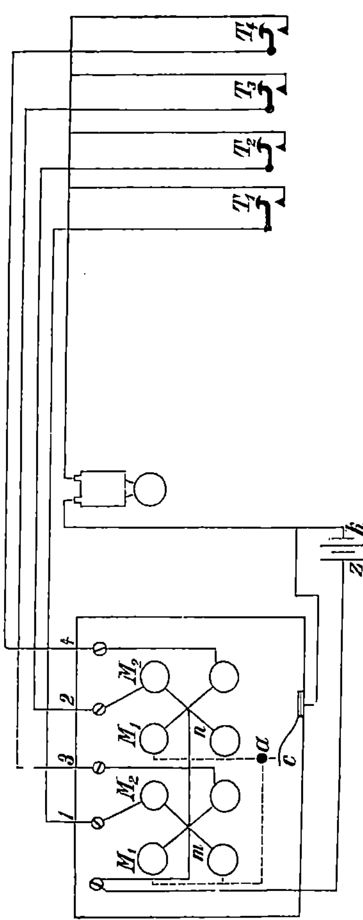

Fig. 69.

wird der Contact bei c geschlossen, worauf der Strom folgenden Weg nimmt: vom Kohlepol der Batterie über den Contact c durch alle Spulen M_1 nebeneinander und über die Schiene m n zum Zinkpol der Batterie; .die Signalscheibe ist somit wieder abgestellt. Diese Nebeneinanderschaltung beim Abstellen ist deswegen nöthig, weil sonst für jede im Tableau befindliche Nummer ein Abstellknopf angebracht werden müsste. Weil nun durch das Nebeneinanderschalten der Strom für jede einzelne Spule geschwächt wird, so hat diese Schaltung natürlich ihre gewisse Grenze; wenn viele Nummern in einem Tableau angebracht werden, braucht man deshalb mehrere Abstellknöpfe. Dies ist also schon ein grosser Nachtheil bei der Anwendung derartiger Constructionen. Jedenfalls ist bei dieser Einrichtung die Batterie nicht zu fern vom Tableau aufzustellen und sind dazu nur Elemente von geringem inneren Widerstand zu wählen, um den Leitungswiderstand des nicht verzweigten Theiles der Leitung möglichst zu reduciren, damit die Stromstärke beim Abstellen in den einzelnen nebeneinandergeschalteten Spulen wenigstens annähernd so gross ist wie beim Rufen.

Signalscheibe für Wechselstrom.

Bei dieser in Fig. 70 dargestellten Signalscheibe wird nur ein Elektromagnet gebraucht, und geht der Strom in beiden Fällen, d. h. beim Rufen sowohl wie beim Abstellen durch beide Spulen, nur ist die Richtung desselben in jedem Falle eine andere, daher die Bezeichnung „Wechselstrom". Die beiden Eisenkerne sind hier durch eine Eisenplatte zu einem Elektromagnet verbunden. a b ist ein um seine Achse bei c drehbarer Stahlmagnet, an welchem bei b eine leichte Nummerscheibe s befestigt ist. Auch dieser Magnet wirkt durch Abstossung. Der Anschlag bei o giebt der Signalscheibe die Signalstellung und der Anschlag bei n die Ruhe-

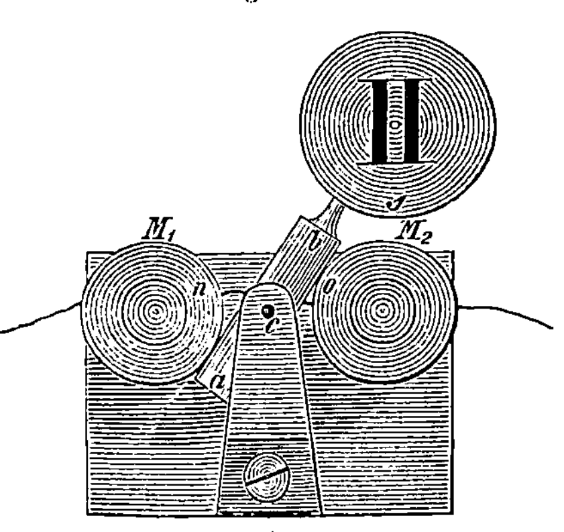

Fig. 70.

stellung. Bei dieser Einrichtung ist die Kraft der Abstossung natürlich grösser als bei der in Fig. 68 dargestellten Einrichtung, weil hier beide Pole beider Magnete zur Wirkung kommen. Die Anwendung dieser Signalscheibe zu einem gewöhnlichen Tableau bringt aber den Nachtheil, dass wegen des Stromwechsels eine eigene Batterie für das Abstellen aufgestellt werden muss, und dass die Abstell-knöpfe, selbst wenn mehrere Nummern nebeneinander geschaltet werden, so viel einzelne Contacte schliessen müssen, als Nummern auf einmal eingeschaltet werden. Daher ist die Anwendung dieser Signal-scheibe als einfache Tableau-Nummer weniger zu empfehlen als die der vorherbeschriebenen; bei der Verwendung als Controle-Signal, deren Bedeutung sogleich auseinandergesetzt werden soll, ist jedoch die Signalscheibe für Wechselstrom der grösseren Sicherheit wegen, mit der sie funktionirt, der anderen entschieden vorzuziehen.

Allgemeine Regeln für die Construction von Signalscheiben mit polarisirtem Anker.

Je stärker bei diesen Signalscheiben beide Magnete, der Elektromagnet und der Stahlmagnet sind, desto grösser ist die Kraft der Abstossung, doch darf man in Bezug auf die Grösse des Stahlmagnets eine gewisse Grenze nicht überschreiten, weil sonst die Trägheit der Masse desselben und die Reibung an seiner Achse eine zu grosse Rolle spielen. Bei einer richtig construirten Tableau-Nummer dieser Art sollen beide Magnete annähernd gleich starken Magnetismus besitzen. Ist die Stärkendifferenz beider Magnete gross, so kann der schwächere unter Umständen vom stärkeren angezogen, anstatt abgestossen zu werden. Mitunter kommt ein „Kleben“ des polarisirten Ankers vor, d. h. er geht, trotzdem der Elektromagnet erregt ist, nicht von der Stelle, erst wenn man ihn eine Strecke auf den Weg gebracht hat, vollendet er von selbst den Rest der Bewegung. Dies kann nun zwei verschiedene Ur-sachen haben: entweder ist der Stahlmagnet zu stark im Verhältniss zum Elektromagneten, so dass der Strom die in letzterem vom Stahlmagneten erregte magnetische Induction nicht genügend aufzu-heben vermag, oder der Elektromagnet ist zu stark erregt oder, was dasselbe bedeutet, der Stahlmagnet ist zu schwach magnetisch, so dass der letztere vom Elektromagneten angezogen wird, anstatt abgestossen zu werden. Hier hilft man natürlich dadurch ab, dass man entweder einen stärkeren Stahlmagneten einsetzt oder den Strom schwächt; in beiden Fällen kann man aber auch durch Abrücken des Anschlags des Stahlmagneten seinen Zweck erreichen. Je grösser die Differenz in der Stärke beider Magnete, desto weiter muss man dieselben von einander entfernen, um ein Kleben des Stahlmagneten zu vermeiden.

Bei der Anwendung eines weichen Eisenankers ist die Anziehung am schwächsten im Beginn der Bewegung desselben und nimmt mit der Abnahme der Entfernung des Ankers von den Polen stetig zu, es ist dies eine Eigenschaft, die man wohl gern in umgekehrter Weise wünschen möchte. Bei Anwendung eines polarisirten Ankers ist die Abstossung bei der passendsten Entfernung beider Magnete im Beginn der Bewegung am stärksten, nimmt mit der grösseren Entfernung beider Magnete ab, um am Ende der Bewegung durch die zur Geltung kommende Anziehung wieder zuzunehmen; dies letztere gilt namentlich für die Tableau-Nummer für Wechselstrom. Die Vertheilung der Arbeitsleistung der Magnete wäre hier also eine günstigere als bei Anwendung weicher Anker, dieselbe ist hier gleichsam auf eine grössere Wegstrecke vertheilt, während sie bei Anwendung eines weichen Ankers auf eine sehr kurze Strecke der Ankerbewegung concentrirt ist und der Rest der nöthigen Bewegung der Fallscheibe durch das Uebergewicht der letzteren besorgt wird. Im ersten Fall ist die Kraft der Abstossung nur einfach proportional der magnetisirenden Kraft der Spulen, im zweiten Fall dagegen ist die Anziehung proportional dem Quadrat der magnetisirenden Kraft. Aus alledem geht hervor, dass, wenn man nicht aus zwingenden Gründen, wie z. B. bei der Anwendung des Controle-Tableau, ein Magnetsystem mit polarisirtem Anker anwenden muss, die Wahl desselben nicht zu billigen ist; denn man soll nie eine Bewegung resp. Arbeit durch die Elektricität beziehungsweise den Magnetismus auszuführen suchen, die sicherer und zuverlässiger mit der Hand verrichtet werden kann, wie dies bei der Abstellung der gewöhnlichen Tableau-Nummern der Fall ist.

Das Controle-Tableau.

In grösseren Hôtels bringt man gern eine Einrichtung an, die den Besitzer, Direktor oder Vorsteher in Stand setzt, von seinem Zimmer aus zu beobachten, ob die Gäste auf ihren telegraphischen

Ruf pünktlich bedient werden. Zu dem Zweck bringt man an dem gewünschten Orte, von welchem aus die Controle geübt werden soll, ein Controle-Tableau an. Die in einem solchen Tableau ent-

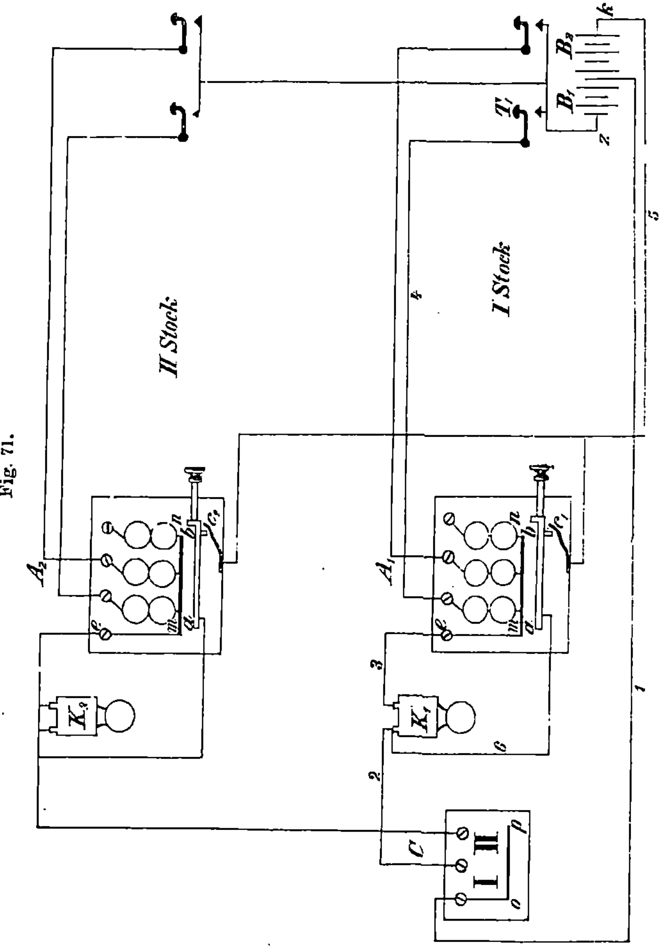

haltenen Signalscheiben fallen mit denen der Etagen-Tableaux und werden auch zugleich mit diesen wieder abgestellt. Hierzu können also nur Signalscheiben angewendet werden, die sich auf die Entfernung abstellen lassen; am besten eignet sich für diesen Zweck die in Fig. 70 dargestellte Signalscheibe. Das Controle-Tableau enthält in der Regel so viel Nummern, als Etagen vorhanden sind. Mit dem Controle-Tableau kann zweckmässig die auf Seite 72 oder Seite 73 beschriebene Klingel verbunden werden.

Das in Fig. 71 dargestellte Schema zeigt eine Telegraphen-einrichtung für ein Hôtel.

A_1 ist das Etagen-Tableau für den ersten Stock, A_2 dasjenige für den zweiten Stock; dieselben enthalten die in Fig. 63 dargestellte Klappe. C ist ein mit zwei Signalscheiben für Wechselstrom versehenes Controle-Tableau. Wird nun im ersten Stock die Taste T_1 gedrückt, so geht der Strom vom Kohlepol der Batterie B_1 über 1 in die allgemeine Schiene o p des Controle-Tableau, umkreist den Magnet der Nummer I desselben, gelangt durch 2, K_1, 3 zu den betreffenden Spulen des Tableau A_1 und geht durch 4 über T_1 zum Zinkpol der Batterie; im Controle-Tableau ist also die Nummer I und im Etagen-Tableau die zur Taste T_1 gehörende Nummer gefallen. Auf seinem Wege zum rufenden Gaste stellt der Kellner die gefallene Tableau-Klappe in A_1 ab, wodurch der Contact c_1 geschlossen und die Signalscheibe I ebenfalls abgestellt wird; der Strom gelangt dann vom Kohlepol der Batterie B_2 über 5 zur Contactfeder c_1, in die Zugstange a b und durch den mit dem Körper der letzteren verbundenen Draht 6 über 2 zum Controle-Tableau und über 1 zum Zinkpol der Batterie; der Strom hat jetzt also eine umgekehrte Richtung. Für den zweiten Stock findet derselbe Stromlauf statt.

Signalscheibe mit Rücksignal.

Bei Anwendung des in Fig. 34 dargestellten Knopfs in der dort beschriebenen Weise ist zum Geben des Rücksignals ein Knopf zum Stromunterbrechen nöthig, derselbe fällt bei der Einrichtung, die die Fig. 72 zeigt und wo derselbe Knopf mit Rücksignal angewendet wird, fort, weil das Rücksignal durch Hochheben der gefallenen Signalscheibe M N in etwas anderer Weise gegeben wird. Bei der ersteren Einrichtung wird durch Niederdrücken des Knopfes B die Nadel A (Fig. 34) vom Magneten angezogen; da nun aber sehr wohl die Klingel wie die Tableau-Nummer versagen können, ohne dass deswegen der Strom unterbrochen wird, so ist die Einstellung der Nadel A auf „Hier" in dem Knopfe durchaus noch kein sicheres Zeichen dafür, dass das beabsichtigte Signal auch wirklich vernehmbar geworden ist; dies erreicht man mit der in Fig. 72 dargestellten Einrichtung.

Die Tableau-Nummer ist im Allgemeinen dieselbe, wie sie Fig. 61 zeigt. Das eine der Spulenden ist mit dem Metallstück q und der daran befestigten Contactfeder p verbunden, bei hochstehender Fallscheibe steht diese Feder mit einer zweiten Feder m n durch einen Contact in leitender Verbindung; t ist ein der Feder m n gegenüberstehender Contactwinkel, der mit der Klemme k verbunden ist. Die um o drehbare Fallscheibe M N drückt, sobald sie herabfällt, mit ihrer Verlängerung N die Feder m n von p ab und legt dieselbe gegen den Contact t, wodurch die Klingel mit einer zweiten Batterie eingeschaltet wird.

Die Klingel hat, wie die Figur zeigt, eine Einrichtung mit Selbstausschluss, wie sie bereits beschrieben worden ist. Statt einer Contactfeder zur Herstellung des kurzen Schlusses sind hier deren zwei, R und r vorhanden.

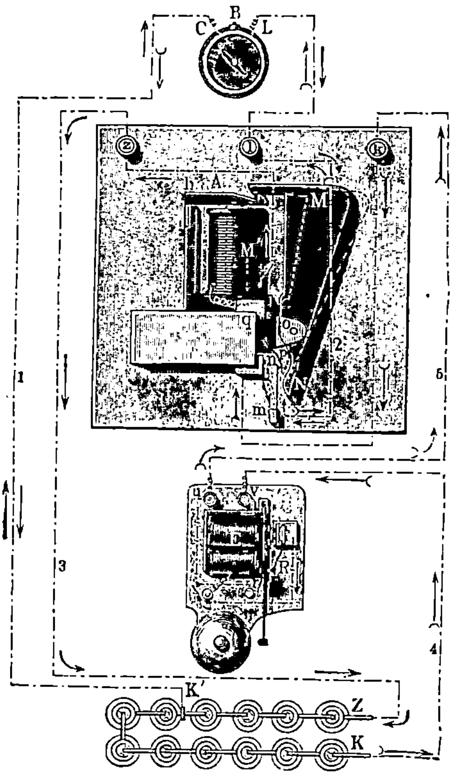

Fig. 72.

Die Feder R ist jedoch, wie früher gezeigt wurde, wenigstens als Contactfeder nicht durchaus erforderlich.

Es werden zwei Batterien gebraucht, deren Ströme in der Leitung die entgegengesetzte Richtung haben. Der Strom der kleineren Batterie durchläuft die Leitung in der durch die ungefiederten Pfeile und der Strom der grösseren Batterie in der durch die gefiederten Pfeile bezeichneten Richtung.

Beim Drücken auf den Knopf B des Druckknopfs geht der Strom der kleineren Batterie vom Kohlepol K_1 über 1 zum Knopf, umkreist den Magnet, geht zur Klemme 1 des Tableau, 2, Feder m n, p, q und gelangt von dort zum Elektromagnet M_1, zur Klemme z und endlich über 3 zum Zinkpol Z der Batterie. In dem Knopfe B ist der Elektromagnet derartig polarisirt worden, dass er das Bestreben hat, die Nadel A abzustossen, da dieselbe aber durch einen Anschlagstift daran verhindert wird, so hat der Strom in dieser Richtung keine Einwirkung auf die Nadel. Im Tableau wird die Klappe zum Fallen gebracht, durch N die Feder m n von p abgehoben und gegen den Contact t in die punktirte Lage gelegt, wodurch dem Strome der grösseren Batterie folgender Weg eröffnet wird: vom Kohlepol K über 4 zur Klemme v der Klingel, durch die Spulen derselben, zur Klemme u, über 5 zur Klemme k des Tableau, zum Contactwinkel t und in die in der punktirten Stellung befindlichen Feder m n, über 2 zur Klemme 1, zur Knopfverbindung L, zum Elektromagnet des Knopfs, der jetzt vom Strome in entgegengesetzter Richtung umkreist wird, und von C über 1 zum Zinkpol der Batterie K_1 K. Die Nadel des Knopfs zeigt jetzt auf „Hier" und bleibt so lange abgelenkt, wie auch die Glocke so lange läutet, bis die herbeigerufene Person die Fallscheibe M N wieder einhakt und dadurch den Contact bei t unterbricht. Der Rufende erfährt jetzt, dass sein Aufruf verstanden worden ist.

Wenn es darauf ankömmt, zwischen zwei räumlich getrennten Orten nicht blos Signale zu geben, sondern bestimmte Meldungen aufgeben zu können, so findet das Depeschen-Tableau, construirt 1868 von Keiser und Schmidt, Anwendung. Es besteht aus Geber und Empfänger. Die Kurbel des Gebers wird auf das betreffende Feld gesetzt, läuft dann durch ein Triebwerk, welches durch das Drehen der Kurbel selbst in Gang gebracht wird, auf ihre Ruhelage zurück und macht dabei die Contacte, die im Empfänger den Zeiger auf das entsprechende Feld bringen; der Zeiger wird durch Drehung um seine Achse wieder auf seinen Ruhepunkt gebracht. Es ist ausser den Batteriedrähten nur ein Leitungsdraht nöthig, gleichviel wie viel Depeschen (Felder) in beiden Apparaten vorgesehen sind. Soll am Empfangsapparat die Depesche signalisirt werden, so ist eine Leitung für die Klingel nöthig, der Contact erfolgt durch Druck auf die Kurbel des Empfängers.

Soll indess zwischen verschiedenen Orten eine wirkliche Correspondence geführt werden, so reichen die bisher angegebenen Apparate nicht aus.

Bis zur Einführung der Telephonie war man genöthigt, zu diesem Zweck Morse-Apparate oder Zeigertelegraphen zu benutzen. Erstere erfordern ausser der Einübung in der Handhabung der Apparate die Erlernung der aus Punkten und Strichen zusammengesetzten Morseschrift und konnten darum schwer für den Privatgebrauch Eingang finden, weil eben nicht leicht über ein Personal, das sich mit der Handhabung des Apparats vertraut gemacht hat, zu verfügen ist. Bei den Zeigertelegraphen, besonders bei den für den Privatgebrauch von Hagendorff construirten, war wohl die Uebung in der Handhabung und Benutzung in kürzester Zeit zu erreichen und sie fanden darum für specielle Anlagen Benutzung, indess wurden auch sie durch die Telephonie überholt und kommen seitdem wohl nur in Ausnahmefällen zur Anwendung. In solchen Fällen wird man dem von Siemens construirten Magnetinductions-Zeigertelegraph vor den früher gebräuchlichen, die complicirt und darum leicht Störungen ausgesetzt waren, schon darum den Vorzug geben, weil sie leicht zu handhaben sind und keiner Batterie zum Betrieb benöthigen.

Der Magnetinductions-Zeigertelegraph von Siemens.

Fig. 73 stellt den Stromerzeuger dieses Zeigertelegraphen, den Cylinder-Inductor von Siemens dar. Die Figuren 74 und 75 zeigen Querschnitte des zwischen kräftigen Magnetstäben gelagerten Cylinders, bestehend aus weichem Eisen; derselbe ist der Länge nach mit zwei breiten Nuthen a, b versehen, in welche die Drahtwindungen dergestalt hineingelegt werden, dass dadurch die Form des Cylinders wieder hergestellt wird. Die Magnetstäbe sind auf der Innenseite etwas kreisbogenförmig ausgedreht, so dass sie dem Cylinder mit einer grösseren Fläche gegenüberstehen. Alle Magnetstäbe sind durch Messingzwischenlagen von einander getrennt, damit sie nicht schwächend auf einander einwirken; alle Nordpole befinden sich auf der einen Seite und alle Südpole auf der anderen. Der Cylinder-Inductor wird mittelst eines Triebes, in welchen das mit der Kurbel verbundene grosse Zahnrad eingreift, in Umdrehung

versetzt. Bei jeder halben Umdrehung des Cylinders wechseln c
und d ihre Pole, und bei einer ganzen Umdrehung entstehen, wie

Fig. 73.

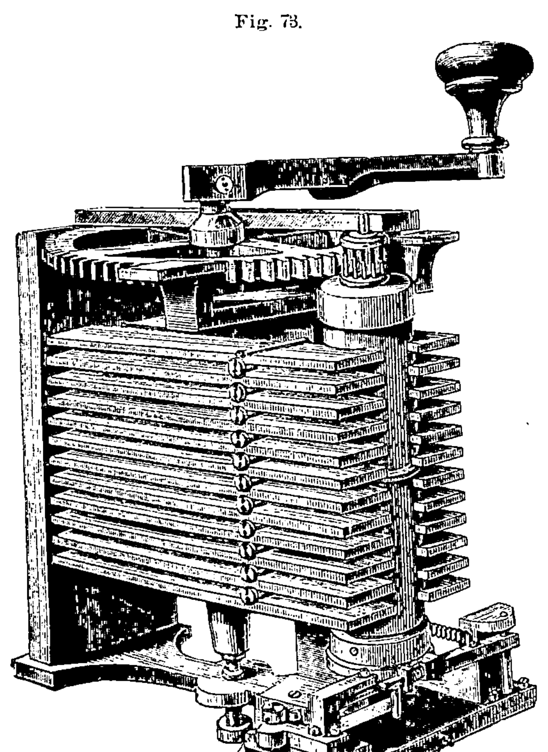

schon im ersten Abschnitt gezeigt wurde, zwei entgegengesetzt
gerichtete Ströme, doch ist jeder dieser Ströme hier nicht, wie dort
beschrieben wurde, aus zwei gleichgerichteten,
aber durch die in der Mitte der Bewegung des
Magnets sehr abnehmende Stärke derselben fast
von einander getrennten Strömen zusammengesetzt, sondern der hier entstehende Strom nimmt,
wegen der grossen Oberfläche der sich gegenüberstehenden Polflächen einen in der Stärke allmälig
anwachsenden und wieder abnehmenden Verlauf.

Fig. 74.

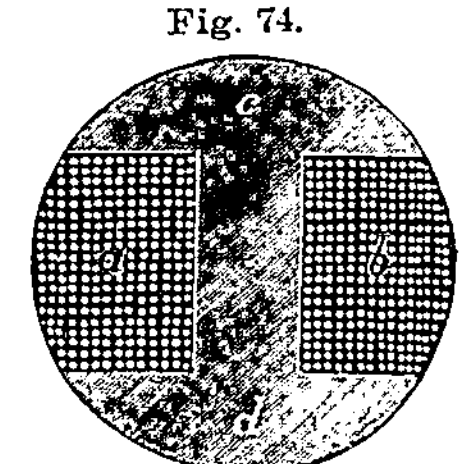

Fig. 76 zeigt den Empfänger. Auf dem Nordpol eines im rechten Winkel gebogenen kräftigen Stahlmagnets ist der Elektro-

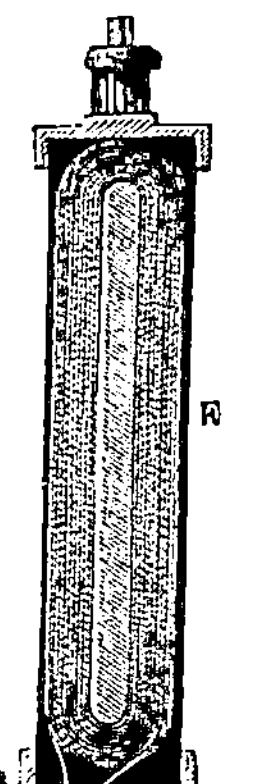

Fig. 75.

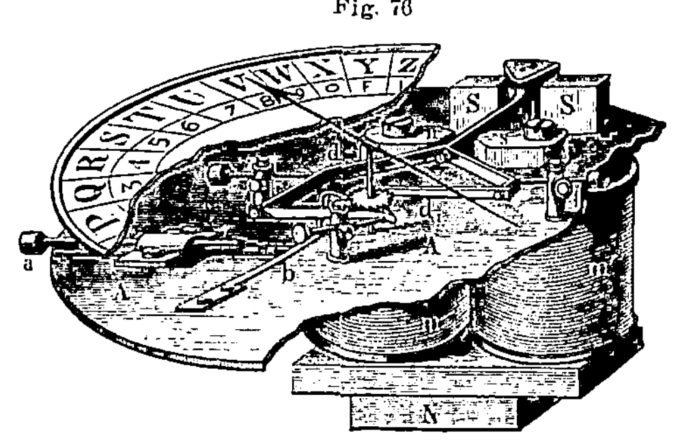

Fig. 76

magnet m, m' aufgesetzt, dessen Polschuhe n, s dadurch beide nordpolarisch werden; in einem Einschnitt des Südpoles SS des Stahlmagnets ist eine um eine Achse drehbare Zunge von weichem Eisen gelagert, welche von SS südpolarisch inducirt wird. Geht nun ein Strom durch die Spulen des Elektromagneten, so wird je nach der Richtung des Stromes der Nordmagnetismus des einen Kernes verstärkt, während der des anderen geschwächt oder gar umgekehrt wird. Da die Ströme in entgegengesetzter Richtung aufeinander folgen, so wird die Zunge zwischen den Polschuhen hin und her bewegt; diese Bewegung theilt sich den mit ihrer Gabel daran befestigten Hakenfedern d, d$_l$ mit, welche bei einem Hin- und Hergange der Zunge das Steigrad um einen Zahn und den Zeiger um ein Buchstabenfeld weiterführen. Geht eine der Hakenfedern über den Rücken eines Steigradzahnes, so verhindert die andere ein Rückwärtsdrehen des Rades. Durch Drücken auf den Knopf a kann man mittelst der Feder b die Gabel hin und her bewegen und dadurch also mit der Hand den Zeiger auf das leere Feld einstellen.

Fig. 77 zeigt die äussere Ansicht eines Apparates, der als Geber den vorhin beschriebenen, mit einer Zeichenscheibe versehenen Cylinder-Inductor und den in Fig. 76 dargestellten Empfänger enthält. Die Buchstabenscheibe J ist durch eine Krone mit sperrzahnförmigen Einschnitten begrenzt, in welch' letztere die Kurbel beim Telegraphiren hineingelegt wird. Die Zahnübersetzung beim

Cylinder-Inductor ist eine derartige, dass der Cylinder eine halbe Umdrehung macht, während die Kurbel H von einem Buchstabenfeld zum anderen geht. Der in Fig. 76 mit a bezeichnete Knopf führt hier die Bezeichnung k. Beim Drücken auf den Knopf S wird ein Klöppelhebel in den Bereich der Zungengabel gebracht, so dass derselbe bei der Bewegung der Zunge abwechselnd gegen zwei angebrachte Glocken schlägt.

Fig. 77.

Eine kleinere für die Haustelegraphie besser geeignete Form dieses Apparates zeigt Fig. 78. Die um die Achse A drehbare Kurbel H setzt auch hier wieder einen Cylinder-Inductor in Bewegung; derselbe ist zwischen nur 5 Hufeisenmagneten gelagert. Neben der Kurbelachse sind die Buchstabenscheibe und der Zeiger Z des Empfängers angebracht, welch' letzterer nur in der Anordnung des

Steigrades von dem in Fig. 76 dargestellten abweicht, indem das
Steigrad an der Ankerzunge drehbar befestigt ist, so dass es beim
Hin- und Hergange derselben durch die feststehenden Hakenfedern
um seine Achse gedreht wird. Steht die Kurbel H auf dem leeren
Felde, so drückt sie auf einen federnden Stift, der bei den End-
apparaten mit der Klemme K_2, bei den Zwischenapparaten mit der
rechten Umschalterkurbel (Fig. 79) in Verbindung steht; hierdurch

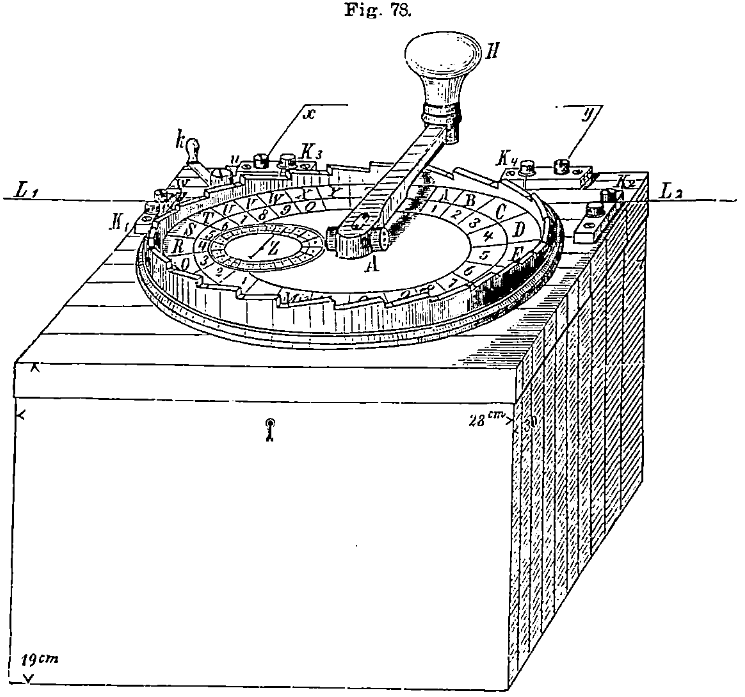
Fig. 78.

wird der in Fig. 79 punktirt angedeutete kurze Schluss für den
Cylinder-Inductor hergestellt; dies geschieht, um den Leitungswiderstand durch die Inductorspulen nicht unnöthig zu vergrössern,
wenn dieselben nicht gebraucht werden. Das eine der Spulenenden des Inductors steht mit der Schleiffeder c, das andere durch
die Achse mit der in den Körper eingeschraubten Schraube s in
Verbindung. Die Umschalterkurbel der Endapparate schaltet, auf u
gestellt, zwischen den Klemmen K_3 und K_4, auf w gestellt zwischen

K_1 und K_4 einen kurzen Schluss ein, schliesst also im ersteren Fall den Wecker W, im letzteren Fall den Elektromagnet des Empfängers aus. Der auf der rechten Seite der Fig. 79 dargestellte Apparat hat, weil von dort nach beiden Seiten correspondirt werden soll, zwei Wecker und zwei Umschalter. Die hier angewendeten Wecker sind Inductionswecker. Bei der Kurbelstellung auf u, wie sie die Figur zeigt, ist der Empfänger über K_3, k_1, s, k_2, K_4 unter Ausschluss beider Wecker in die Linie eingeschaltet; wird k_1 oder k_2 auf w gestellt, so wird L_2 oder L_3 unter Einschaltung des Weckers W_1 oder W_2 über K_4 an die Erde gelegt, während der Empfänger in der anderen Linie eingeschaltet bleibt. Am Apparat des rechten Endes der ganzen Leitung führt die Luftleitung an die Klemme K_1 (Fig. 78), und die Klemme K_2 ist mit der Erde verbunden.

Fig. 79.

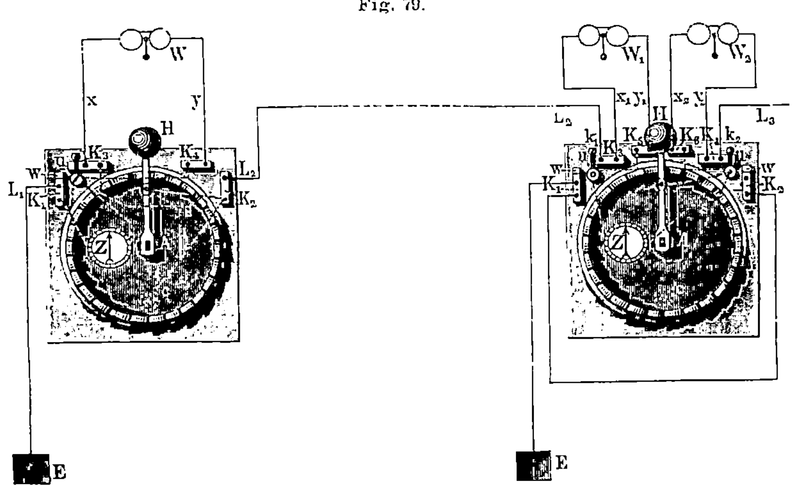

In neuerer Zeit hat man Apparate construirt, die ein entstehendes Feuer durch Läuten von Klingeln signalisiren. Der Contact wird bei diesen automatischen Meldeapparaten durch Schmelzen einer Substanz oder von Legirungen, deren Schmelzpunkt gerade bei der Temperatur liegt, die in einem bestimmten Raume nicht überschritten werden soll, oder durch die in der Wärme nicht gleiche Ausdehnung zweier zusammengelötheter Metalle, wie bei Metallthermometern gebräuchlich, hergestellt. Sind bei solchen Anlagen mehrere Räume mit Meldern versehen, so ist es nöthig, bei der Klingel einen Klappenapparat anzubringen, um durch Vorfallen der Klappe den Raum, in welchem Feuer ausgebrochen ist, zu bezeichnen.

Fig. 80 zeigt einen Apparat, der, in das Schliessblech einer Thür eingesetzt, ermöglicht, dieselbe von jeder beliebigen Stelle des Hauses durch Druck auf gewöhnlichen Druckknopf zu öffnen. (Elektrischer Thüröffner.)

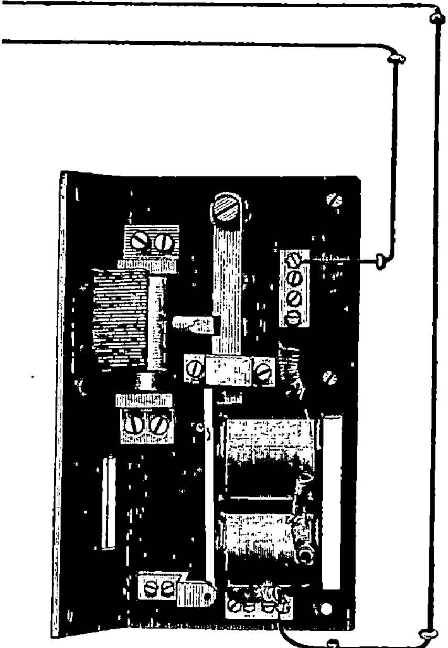

Fig. 80.

Im Ruhezustande des Apparats wird der Cylinder, der mit dem Sperrstift hinter dem Ausschnitt des Hebels fest liegt, durch die Schlossfalle der Thür festgehalten. Wird durch Druck auf den Druckknopf Contact hergestellt, so durchfliesst der Strom den Elektromagnet, der Anker wird angezogen, dadurch rückt der Hebel so weit herüber, dass der Sperrstift des Cylinders frei wird. Wird nun die Thür durch eigene Schwere oder durch Abwurffedern nach Innen gedrückt, so dreht die Schlossfalle den freigewordenen Cylinder so weit um seine Achse, dass sie an ihm vorbeistreichen kann und die Thür sich öffnet.

Keiser & Schmidt haben den Druckknopf und die Batterie zum Oeffnen von Thüren durch einen Inductor, dessen Anker durch Zug in Thätigkeit gesetzt wird und durch Federkraft in die Ruhestellung zurückgeht, ersetzt. Fig. 81. (D. R. P.) (Inductions-Thüröffner.)

Fein in Stuttgart, Stutz in München und Andere haben den Apparat für das Schlossblech modificirt. Diestein hat die Thüröffnung durch folgende Einrichtung hergestellt. Der Thüröffner (D. R. P.) wird an der Thürseite angebracht, wo die Scharniere sind. „Der Riegel r Fig. 82 ist durch eine Kette k mit dem Federstifte s des Schlosses verbunden, dessen Auslösung durch den Elektromagnet n geschieht. Wenn die Thür geschlossen ist, befindet sich die Arretirscheibe i des Federstifts vor dem Spannwinkel c, der mit seinem anderen Arme e sich noch gerade gegen einen an dem Anker a angebrachten Dorn führt; soll der Riegel zurück-

Fig. 81.

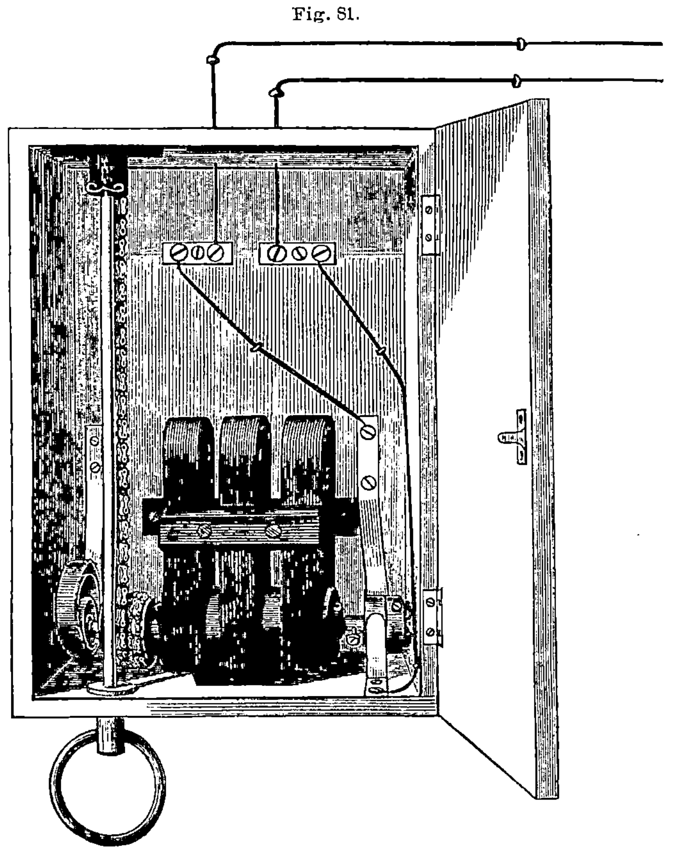

gezogen werden, so wird die Batterie geschlossen, der um seine horizontale Achse drehbare Anker schlägt gegen den Elektromagnet, lässt dadurch den Spannwinkel C los und da hierdurch die Arretir- scheibe des Federstifts frei wird, schlägt dieser mit grosser Gewalt nach links und zieht an der Kette den Riegel mit. Fig. 82 zeigt die Vorrichtung in diesem Zustande. Wird dann die Thür aufgemacht, so bewegt sich der Federstift mittels eines an seinem Ende befindlichen Rädchens auf dem Bügel m Fig. 83 und geht in Folge dessen so weit zurück, dass die Arretirscheibe nach Zurückdrükkung des Spannwinkels C in ihre alte Lage kommt, die Kette wird lose und eine im eigentlichen Thürschloss befindliche Feder kann den Riegel, wenn die Thür zugefallen ist,

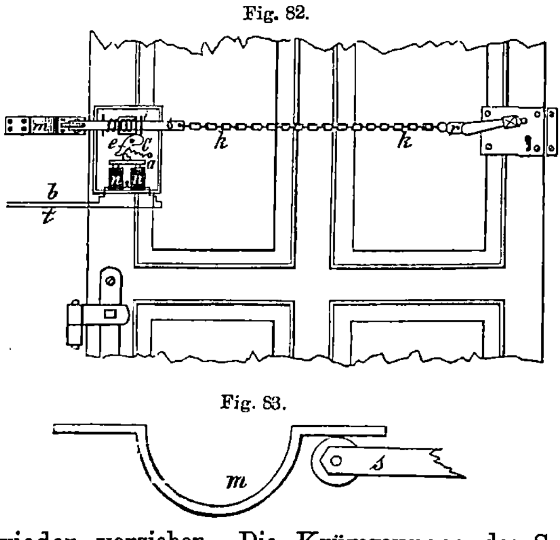

Fig. 82.

Fig. 83.

wieder vorziehen. Die Krümmungen des Spannwinkels und des Bügels m sind so berechnet, dass der Mechanismus unter allen Umständen wirkt, wie weit man auch die Thür aufmacht."

III. Abschnitt.

Telephonie.

Reiss gebührt das Verdienst, zuerst die Elektricität zur Fortpflanzung von Worten und Tönen von einem Orte nach einem entfernten Orte benutzt und zu diesem Zwecke den ersten Apparat — Telephon genannt — 1861 construirt zu haben. Dieser Apparat gab wohl bei der Uebermittelung von Tönen die Tonhöhe, nicht aber die Klangfarbe und Tonfülle deutlich wieder, so dass Worte, die in den Geber des Apparats gesprochen wurden, nur unvollkommen vom Empfänger reproducirt wurden; zum Betrieb waren Batterieströme erforderlich. Die Bedeutung der Erfindung liegt darin, dass durch einen veränderlichen Contact im Stromkreise undulatorische Ströme in Folge der Aenderungen der Intensität eines continuirlichen Stromes erzeugt werden. Praktische Verwerthung hat der Apparat nicht erfahren, diese erfolgte erst, als es durch fortgesetzte Forschungen und Arbeiten gelungen war, durch Töne oder gesprochene Worte elektrische Schwingungen zu erregen, deren Verlauf nach Zahl und Weite auf das Genaueste den erregenden Schwingungen entspricht, und Ströme zu verwenden, welche ein vorhandener Strom oder Magnetismus inducirt. Durch das von Bell 1877 construirte Telephon, das auf der Anwendung von Magnet-Inductionsströmen zur Erzeugung der elektrischen Stromwellen beruht, wurde der Erfolg erzielt und von da an die Telephonie in den allgemeinen Verkehr eingeführt.

Fig. 84.

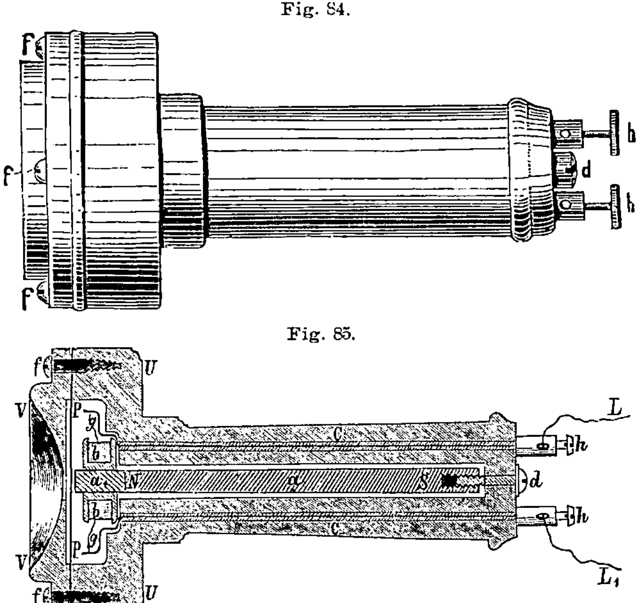

Fig. 85.

Es sollen im Folgenden nur die Apparate und Einrichtungen, insoweit sie in privaten Anlagen zur Ausführung kommen, besprochen, dagegen von Anlagen für den grösseren Verkehr, als den Rahmen dieses Buches überschreitend, abgesehen werden.

Fig. 84 zeigt die äussere Ansicht, Fig. 85 den Querschnitt des Bell'schen Telephons. Auf dem aufgebohrten Holzrohr C U ist an dem verstärkten Ende das Mundstück V V durch die Schrauben f f befestigt; im Centrum von V V befindet sich eine runde Oeffnung von etwa 15 mm Durchmesser und hinter derselben ist eine Eisenblechplatte von ungefähr 0,2 mm Dicke mittels des Mundstücks festgeklemmt. Die Eisenblechplatte ist aus Weissblech angefertigt, damit sie nicht durch das aus dem Athem niedergeschlagene Wasser rostet. In der Höhlung des Rohres CC liegt ein Stahlmaguet a, der durch die Schraube d in demselben festgehalten wird. Auf den Nordpol des Magnetstabes ist der runde Eisenkern a_l der kleinen Spule bb aufgesetzt, welch' letztere mit 800—900 Umwindungen eines feinen umsponnenen Kupferdrahtes bewickelt ist; die Enden desselben sind mit den dickeren Leitungsdrähten g g, welche zu den Klemmen h h führen, verlöthet. Das Polende des Magnetstabes ist nur 1 bis höchstens 2 mm von der Eisenblechplatte entfernt.

Durch die Schraube d ist es möglich, die obere Fläche des Magneten der Eisenblechplatte bis auf ganz geringe Entferung zu nähern. Geber und Empfänger sind von gleicher Construction.

Der Vorgang beim Hineinsprechen ins Telephon ist nun folgender: Die Eisenplatte, die durch die Nähe des Magnetstabes auch magnetisch geworden ist, wird durch die Luftschwingungen ebenfalls in Schwingungen versetzt, d. h. sie wird durch dieselben dem Magnetpole genähert und wieder davon entfernt; dadurch tritt eine abwechselnde Verstärkung und Schwächung des Magnetismus der schwingenden Eisenplatte sowohl, wie des Magnetpoles ein, was wieder ein Entstehen von Inductionsströmen in den Windungen der Wickelung zur Folge hat. Da die Enden der letzteren nun durch zwei Leitungsdrähte mit den Spulenenden des correspondirenden Telephons verbunden sind, so umkreisen diese Inductionsströme auch den Magnetpol jenes Telephons und, da immer zwei aufeinanderfolgende Ströme eine entgegengesetzte Richtung haben, so wird der Magnetismus im Pole a_l des empfangenden Telephons durch dieselben abwechselnd verstärkt und geschwächt, wodurch die durch den Magnetismus des Magnetstabes ohnehin schon etwas durchgespannte Eisenscheibe bei einer Verstärkung des Magnetpoles noch mehr angezogen wird, während eine Schwächung desselben die Scheibe noch weiter zurückgehen lässt, als sie im Ruhestande vom Magnetpol absteht. Die Schwingungen der

gebenden Eisenplatte folgen nicht nur in verschiedener Geschwindig-
keit, sondern auch in verschiedener Stärke aufeinander; es müssen
also die entstehenden Inductionsströme dieselben Verhältnisse zu
einander haben und in der empfangenden Eisenplatte ganz ähnliche
Schwingungen, wenn auch in schwächerem Grade, hervorrufen.
Beim Hineinsprechen in das Telephon hält man den Mund in mässiger
Entfernung vom Mundstück, beim Hören ist das Mundstück fest
an das Ohr aufzusetzen.

Die Vorgänge gliedern sich also in folgender Reihe:[1])
„am Aufgabeorte — vom Geber aus:

Schwingungen des Stimmorgans,
„ der Luft,
„ der Eisenblechplatte,
„ der magnetischen Intensität,
„ des elektrischen Stroms,

Fortpflanzung der elektrischen Stromwellen durch die Leitung,
am Empfangsorte — am Empfänger:

Schwingungen der magnetischen Intensität,
„ der Eisenblechplatte,
„ der Luft,
„ des Gehörorgans.“

Das Telephon von Bell besitzt eine ausserordentlich hohe
Empfindlichkeit, so dass man, wenn zwei von einander vollständig
getrennte Telephonleitungen eine längere Strecke dicht nebeneinander
herlaufen, durch die Telephone der einen Leitung verstehen kann,
was in die Telephone der andern Leitung hineingesprochen wird.
Die Ströme der ersten Leitung induciren hier wieder Inductionsströme in der letzteren.

Man hat, um kräftigeren Magnetismus zu erzielen, den Stahl-
magnet Fig. 85 aus vier Lamellen zusammengesetzt und mit solchen
Telephonen bessere Resultate erzielt, als mit solchen mit nur einem
Stahlstab, sie finden deshalb allgemein Anwendung.

Siemens ging bei der Construction seines Telephons davon
aus, dass „1. der einseitige Zug auf die Membrane oder Eisenplatte
in der Ruhelage vermieden, 2. die anziehenden und abstossenden
Kräfte auf die Membrane gleichmässig von beiden Seiten einwirken

---

[1]) Grawinkel: Lehrbuch der Telephonie, Seite 72.

und 3. anstatt unipolar wirkender Magnete ein kräftiger Hufeisenmagnet zur Verwendung kommt, zwischen dessen Polen ein stark magnetisches Feld entsteht, welches zur Bewegung und zur Erzeugung der elektrischen Ströme benutzt wird. Dadurch wird eine viel reinere Uebertragung und gleichzeitig eine viel grössere Stärke und Deutlichkeit der übertragenen Sprechlaute erzielt."

Die Stärke der entwickelten Inductionsströme hängt ab von der mehr oder weniger grossen Veränderung des Magnetismus der Magnetpole, der Magnetismus von der Form der Magnetpole sowohl wie des Ankers, also hier der Eisenblechscheibe. Dieser Einfluss der Form beider Theile ist aber bei Hufeisenmagneten noch grösser als bei Stabmagneten. Stehen die Pole des Hufeisens weit auseinander, so kann sich der Magnetismus in der dünnen Eisenscheibe bei Annäherung der letzteren nur unvollkommen entwickeln. Die Wirkung ist offenbar nur eine ähnliche, wie wenn jeder Pol seinen eigenen getrennten Anker anziehen würde, es können also auch keine so kräftige Ströme entstehen, als wenn die Pole sich dicht bei einander befinden. Da ferner die Einwirkung der Ströme auf einen umkreisten Kern um so schwächer ist, je schneller dieselben auf einander folgen und je mehr Masse der Kern hat, so war man bei der Construction dieses Telephons bestrebt, bei möglichst grosser Länge der Win-

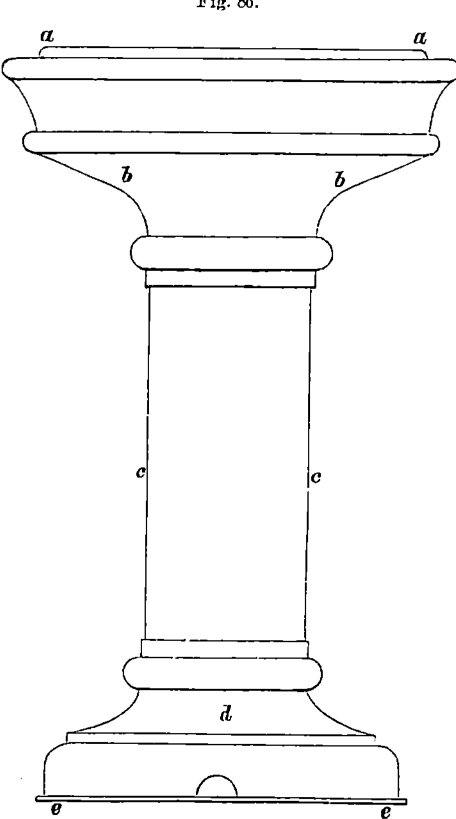

Fig. 86.

dungen, dem Kern wenig Eisenmasse zu geben; dies erreichte man mit dem Bandeisenkern.

Fig. 86 zeigt das Siemens-Telephon in der Ansicht, Fig. 87 im Durchschnitt. (Die nachfolgende Beschreibung ist dem Werke von Grawinkel entnommen.)

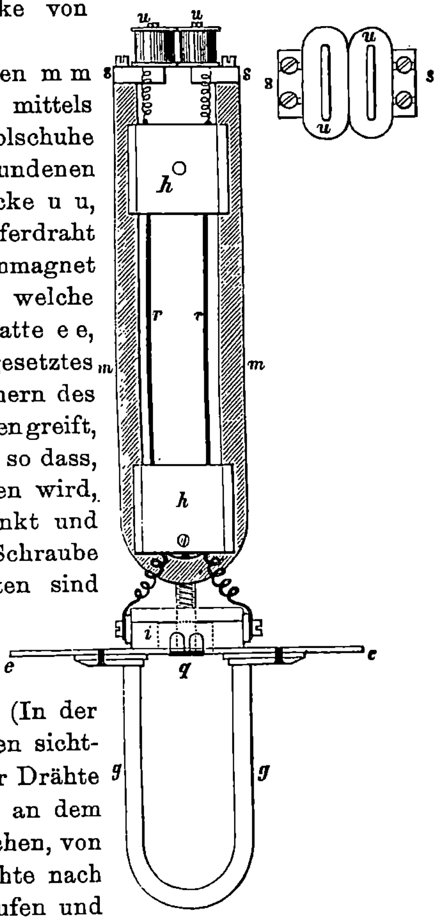

„Auf den Hufeisenmagneten m m sind die beiden Polschuhe s s mittels Schrauben befestigt. Die Polschuhe tragen die mit ihnen fest verbundenen kleinen länglichen Eisenstücke u u, die mit isolirtem feinen Kupferdraht umwickelt sind. Der Hufeisenmagnet ist mittels der Schraube q, welche von unten durch die Eisenplatte e e, durch ein auf diese Platte aufgesetztes Holzstück i und einen im Innern des Holzes liegenden Messingzapfen greift, mit der Platte e e verbunden, so dass, wenn die Schraube angezogen wird, der Hufeisenmagnet sich senkt und bei umgekehrter Drehung der Schraube sich hebt. Auf den Magneten sind oben und unten von beiden Seiten mittels einer durchgehenden Holzschraube die Brettchen h h aufgepresst. (In der Figur ist nur je ein Brettchen sichtbar, welches zur Führung der Drähte r r dient.) Die Drähte enden an dem Holzstück i an Messingplättchen, von welchen aus Verbindungsdrähte nach dem vorderen Theil von i laufen und hier mit den Leitungsschnüren verbunden heraustreten. Der Bügel g g dient zum Aufhängen der Vorrichtung, welche in eine cylindrische metallene Röhre c c Fig. 86 eingeschoben wird, so dass die Platte e e den Abschluss des unteren Ansatzes d bildet; aus der Oeffnung am unteren Theile von d treten die isolirten Leitungsschnüre, die zu einem Kabel vereint sind. Die Röhre c c ist oberhalb des Aufsatzes b b im Innern durch ein rundes Blechstück (Membrane) geschlossen. Ein polirtes, conisch ausgedrehtes Mundstück, das in der Mitte eine mit Messingblech eingefasste runde Oeffnung hat, bildet den Abschluss des Apparats. Ist die innere Vorrichtung mittels des Bügels in das Gehäuse eingeschoben, so befinden sich die Pole u u des Magneten noch in geringer Entfernung von dem unteren Rande der Blechscheibe."

Das Telephon von Siemens zeichnet sich durch die wesentlich erhöhte Deutlichkeit der reproducirten Laute vor den Bell'schen und überhaupt vor allen andern Telephonen aus und ist bei Telephon - Anlagen ohne Mikrophon auch allen andern vorzuziehen. Einen weiteren Vortheil bietet dies Telephon durch die dazu gehörige Zungenpfeife (Trompete).

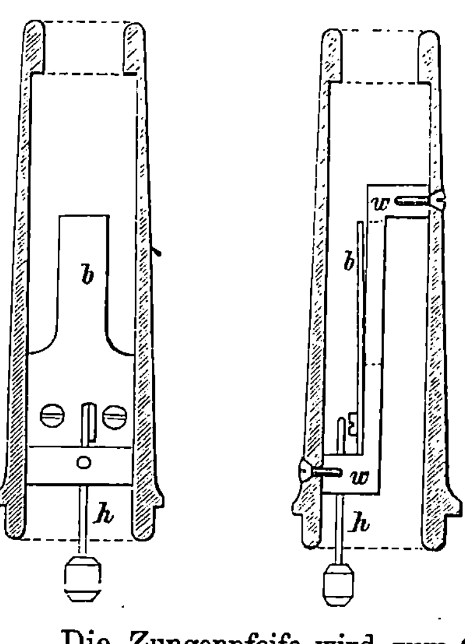

Fig. 88.

Fig. 89.

Fig. 88 zeigt die äussere Ansicht, Fig. 89 den Durchschnitt der Zungenpfeife (Signaltrompete).

Sie besteht aus einer conischen Röhre von Hartgummi, in welcher der Metallwinkel w w angeschraubt ist. „Auf dem Winkel ist die breite federnde Zunge b mit ihrem Ende aufgeschraubt, so dass die Zunge den hinter ihr liegenden viereckigen Ausschnitt des Metallwinkels überdeckt und nur von oben etwas absteht. Der untere Theil des Winkels w w ist durchbohrt und es spielt in der Durchbohrung das am unteren Ende mit einem kleinen Klöppel versehene Stäbchen h, dessen Bewegung nach unten durch das obere umgebogene Ende begrenzt wird."

Die Zungenpfeife wird zum Geben und zum Empfangen eines Signals in die Oeffnung des Mundstücks hineingedrückt. Wird in die Oeffnung der Zungenpfeife hineingeblasen, so geräth die

Zunge b in starke Schwingungen und theilt dieselben durch die Luft der Blechplatte des Telephons mit, die Luft tritt bei den kleinen an der Pfeife angebrachten Oeffnungen wieder aus. Das hierdurch erzielte Geräusch ist sehr vernehmlich und im Zimmer deutlich zu hören.

Dies Telephon hat zur Erzielung seiner vollen Wirkung allerdings eine grosse Form und ein ziemlich bedeutendes Gewicht. Diese etwaigen Nachtheile sind aber in neuester Zeit von Siemens selbst beseitigt und das Telephon in einer handlichen Form und leichter im Gewicht hergestellt worden.

Wenn die mit einander zu verbindenden Stationen weit von einander entfernt sind, so wird das Hören des Gesprochenen sehr erschwert, wenn nicht gar unmöglich gemacht. Es sind die im Sprech-Telephon erregten Inductionsströme sehr schwach und erleiden noch eine weitere Schwächung durch den Widerstand der langen Leitung; es treten ferner Ableitungen an den für die Leitung nöthigen Stützpunkten ein, so dass im Hör-Telephon die Worte nur undeutlich oder nur als Laute reproducirt werden. Dieser Uebelstand ist durch die Erfindung des Mikrophon beseitigt worden.

Das Mikrophon wurde zuerst von Hughes im Jahre 1878 construirt. Hughes selbst charakterisirt das Wesen seiner Erfindung: „Die Aufgabe, welche das Mikrophon löst, besteht darin, in den Schliessungsbogen eines elektrischen Stromes einen Widerstand einzuschalten, der sich ändert in genauer Uebereinstimmung mit Schallschwingungen, so dass ein undulirender elektrischer Strom von einer constanten Quelle aus entsteht, dessen Undulationen nach Wellenlänge, Höhe und Form ein genaues Abbild der Schallschwingungen sind. In dem Mikrophon haben wir nun eine elektrische Leitung, die durch Schallschwingungen beeinflusst wird. Es ist wesentlich, dass der vorhandene elektrische Strom durch die blosse Wirkung der Schallwellen in Schwingungen von bestimmter Form gebracht wird. Ich habe dies bewirkt mit Hülfe der Entdeckung, dass, wenn ein elektrischer Leiter in getheiltem Zustande ist, in Form von Pulver, Feilspänen oder Oberflächen und dabei einem gewissen Drucke ausgesetzt wird, der zu schwach ist, um Cohäsion zu erzeugen, aber kräftig genug, um die Trennung der Theilchen durch die Schallwellen zu verhindern, Folgendes eintritt: Da die Moleküle auf diesen Oberflächen, obgleich elektrisch verbunden, sich in einem verhältnissmässig freien Zustande befinden, so ordnen sie selbst ihre Gestalt, Zahl der Berührungen und den Druck (durch Vergrösserung ihrer Schwingungsbahn), so dass die Zu- und Abnahme des elektrischen Widerstandes im Schliessungsbogen in höchst bemerkenswerther, oft kaum glaublicher Weise sich ändert."

Das Prinzip, welches dem Mikrophon zu Grunde liegt, ist: Wird eine galvanische Kette geschlossen, so dass die Enden der beiden Poldrähte bis zur Berührung einander genähert werden, so findet an der Berührungsstelle ein gewisser Widerstand statt, der sogenannte Uebergangswiderstand, der um so geringer ist, je stärker jene Enden gegen einander gedrückt werden. Wird die Verbindungsstelle durch Schallwellen erschüttert, so wechselt der Druck zwischen den Poldrahtenden, in Folge dessen der Uebergangswiderstand und dadurch die Stromstärke in rascher Aufeinanderfolge. Durch ein gleichzeitig in den Stromkreis eingeschaltetes Telephon werden die Stromschwankungen in magnetische Schwankungen und schliesslich wieder in Schallwellen umgesetzt.

Fig. 90 zeigt das Mikrophon von Hughes.

B und D sind zwei unter einem rechten Winkel aneinander

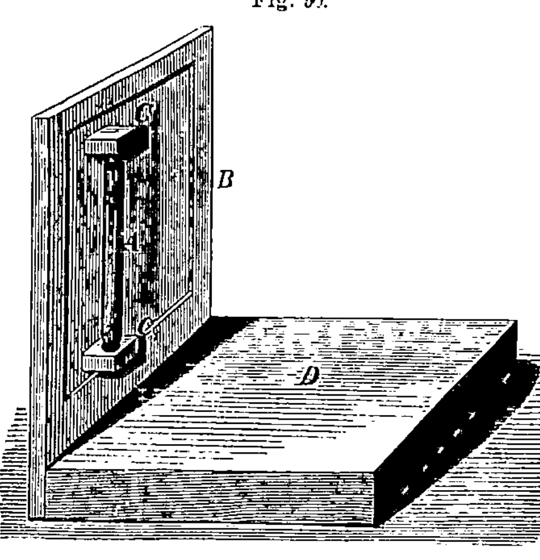

Fig. 90.

befestigte Resonanzbrettchen. C und C_1 sind zwei auf B angebrachte Kohlestückchen mit kleinen trichterförmigen Aushöhlungen, in denen die zugespitzten Enden des Kohlestabs A ruhen. C und C_1 befinden sich im Stromkreise einer Batterie mit einem Telephon zusammen. Wird gegen das Brettchen B gesprochen, so ändern sich die Contacte bei C und C_1 und es entstehen im Stromkreise undulatorische Ströme, die auf das Telephon einwirken.

Das Mikrophon dient also nur zum Geben, nicht aber zum Empfangen, als Empfänger muss stets ein Telephon benutzt werden. Wenn auch durch das Mikrophon das Gesprochene deutlicher übertragen wird, als durch das Telephon, so treten doch bei grosser Entfernung der Stationen ähnliche Schwierigkeiten auf, wie beim Telephoniren ohne Mikrophon, weil die Aenderung des Ueber-gangswiderstandes im Mikrophon nicht bedeutend genug ist, um bei dem grossen Widerstande der langen Leitung zur Geltung kommen zu können. Um aber dem Mikrophon auch für sehr lange Leitungen seine Empfindlichkeit zu wahren, wird in den Stromkreis der Batterie zwischen derselben und dem Mikrophon der kurze und stärkere primäre Draht einer Inductionsrolle eingeschaltet, während der lange und dünne secundäre Draht der Rolle mit der Leitung verbunden wird. Es wirkt dann der in dem primären Drahte auf-tretende Strom inducirend auf den secundären Draht und der in demselben hervorgerufene Inductionsstrom wirkt in der ganzen Leitung, es kommen mithin alle auf das Mikrophon einwirkenden Worte klar und deutlich im Telephon zur Reproduction. Zur Ver-stärkung der in dem secundären Drahte der Inductionsrolle auf-tretenden inducirten Ströme befindet sich innerhalb der Inductions-rolle ein Bündel weicher Eisenstäbe, welches unter Einwirkung des inducirenden Stromes stets magnetisch ist. Die Inductionsrolle hat also den Zweck, die primären undulatorischen Ströme des Mikrophon-stromkreises in undulatorische Inductionsströme von hoher Spannung zu verwandeln, welche dann einen langen Leitungswiderstand über-winden können. Der Stromkreis des Mikrophon wird durch dieses selbst, durch die Batterie und den primären Draht der Inductions-rolle gebildet, während der secundäre Draht der Inductionsrolle, die Leitung und das Telephon den zweiten Stromkreis herstellen. Die bekannten und allgemein benutzten Mikrophone unterscheiden sich in der Construction zunächst darin, ob der dem wechselnden Druck ausgesetzte Contact zwischen Kohle und Kohle, wie beim Ader'schen Mikrophon oder zwischen Metall und Kohle, wie beim Mikrophon von Bell-Blake stattfindet. Für vorliegenden Zweck genügt die Beschreibung dieser beiden Mikrophone.

Das Mikrophon von Ader.

Die Contacte dieses Mikrophon bestehen aus Kohlestäben, die in Kohlestücken lagern.

In einem pultförmigen Kästchen ist das Contactsystem und die Inductionsrolle angebracht. Der eigentlich schallaufnehmende Theil ist die das Kästchen oben abschliessende 2—3 mm starke Membrane aus Tannenholz, deren Unterseite drei prismatische Kohlestücke k trägt, zwischen welchen in zwei Reihen je fünf cylindrische Kohlestäbe R mit ihren Zapfen lose eingreifen, so dass sie leicht um ihre Achse beweglich sind. Der primäre Draht der Inductionswelle J ist mit der Batterie und dem Contactsystem, der secundäre Draht wird mit der Leitung verbunden. Zum Betrieb dieses Mikrophon gehören 2 Leclanché-Elemente.

Fig. 91.

Wird gegen die Membrane gesprochen, so ändern sich die losen Contacte zwischen R und K, es ändert sich der durch die Inductionsrolle J circulirende primäre Strom in seiner Intensität und es entstehen in dem mit der Leitung verbundenen secundären Draht inducirte Stromwellen, die sich durch die Leitung fortpflanzen und in dem am Ende derselben eingeschalteten Telephon in Schallwellen umsetzen.

Das Ader'sche Mikrophon ist das einfachste aller bekannten Mikrophone und von bedeutender Leistungsfähigkeit; es erfordert seiner einfachen Construction wegen keinerlei Regulirung und ist Störungen kaum unterworfen.

Das Mikrophon von Bell-Blake.

Von den beiden Contacten dieses Mikrophons besteht der eine aus Kohle, der andere aus Platin; die Membrane ist von Eisenblech. Contactsystem und Inductionsrolle sind in einem Kästchen montirt.

Die Thür H H des Kästchens, in die das
Mundstück a eingelassen ist, trägt auf ihrer
hinteren Fläche den Eisenring r r mit den beiden gegenüberstehenden Ansätzen C C, die durch
die Schiene c leitend mit einander verbunden
sind. Die Schiene c wird durch die Neusilberfeder m gehalten, die Schraube n dient zur Regulirung der Contacte. Unmittelbar hinter dem
Mundstück a liegt die Eisenblechmembrane,
zwischen welcher und der Schiene c sich ein
2 cm weiter Zwischenraum befindet. Auf dem
äussersten Ende des rechtwinklig gebogenen
Armes von c ist ein isolirendes Stückchen i
aufgeschraubt, in welchem die leicht beweglische,
bis zur Mitte der Membrane reichende Feder f
angebracht ist, die mit ihrem in einen Platincontact auslaufenden Ende leicht federnd gegen
die Membrane anliegt. Mit der entgengesetzten
Seite liegt dieser Platincontact gegen die in dem

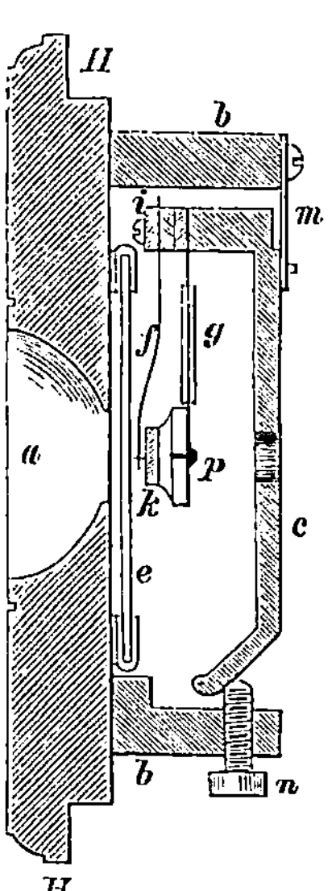

Fig. 92.

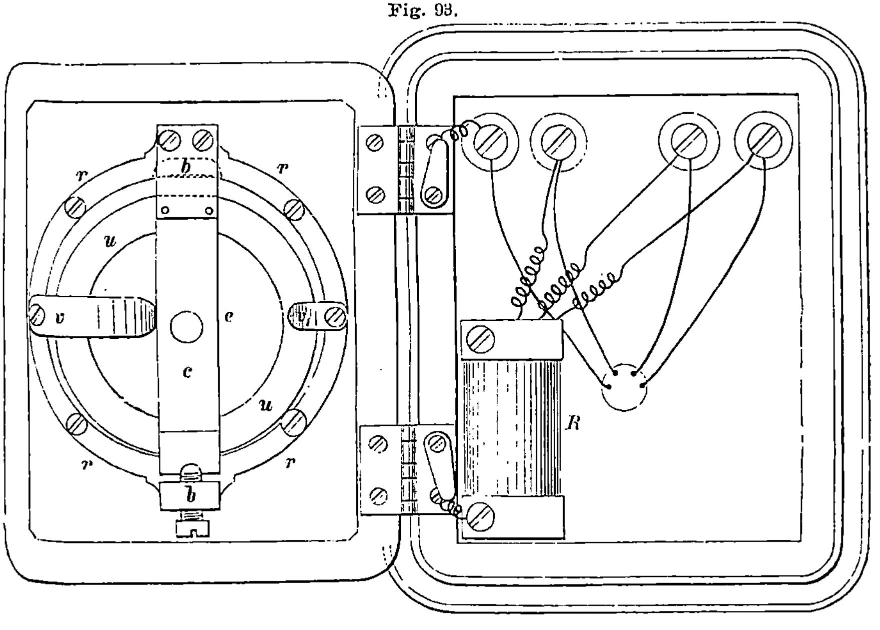

Fig. 93.

Messingstück p eingelassene Kohlescheibe k an. Das Messingstück p ist an dem unteren Ende einer mit Gummi bekleideten Feder g befestigt, die mit ihrem oberen Ende in dem rechtwinklig gebogenen Arm von c befestigt ist; f und g sind also nur durch den Platin-contact mit einander in leitender Verbindung. Die Membrane e liegt mit ihrem Umfange in dem Gummiringe u und wird durch die auf den Eisenring r aufgeschraubten Federn v und v_i, von denen erstere auf ihrem oberen Theile mit Gummi überzogen ist, festgehalten. Der primäre Draht der Inductionsrolle R ist mit der Batterie, der secundäre Draht mit der Leitung verbunden. Zum Betrieb ist nur ein Leclanché-Element nöthig. Wird gegen die Membrane e gesprochen, so wird dieselbe in Schwingungen versetzt, die auf die Feder f übertragen werden, so dass deren Platin-contact mit mehr oder weniger starkem Druck gegen die Kohlescheibe k anliegt, und es tritt dann dieselbe Veränderung der Stromintensität und deren Wirkung ein, wie bei dem Ader'schen Mikrophon angegeben.

Das Mikrophon Bell-Blake ist wohl das verbreitetste aller Mikrophone; in seiner Fähigkeit, die Worte klar und deutlich ohne jedes Nebengeräusch zu übertragen, übertrifft es das Ader'sche. Die Regulirung ist einfach und dadurch, dass keiner der beiden Contacte beweglich und mit der Membrane fest verbunden ist, sind auch die Störungen vermieden, die etwa in Folge von Temperaturschwankungen durch Aenderungen der Membrane und dadurch bedingter Veränderung der Contacte auftreten können.

Um die telephonische Unterhaltung zu beginnen und zu schliessen, muss ein Signal gegeben werden und können dazu, wenn die Pfeife des Siemens-Telephon nicht ausreicht oder nicht gewünscht wird, elektrische Klingeln benutzt werden, nur sind dann bei den Druckknöpfen selbstthätige Ein- und Ausschalter, welche die Benutzung einer und derselben Leitung für Signalisiren und Telephoniren ermöglichen, anzuwenden.

Fig. 94 zeigt die Ein- und Ausschaltevorrichtung. Der auf die Holzplatte g befestigte Messingständer s trägt den an einem Ende in Form eines Hakens umgebogenen Hebel c, an den das Telephon angehängt wird. Dadurch wird der Hebel heruntergezogen und das entgegengesetzte Ende desselben gegen die Contactschraube r der rechtwinkelig gebogenen Schiene t gepresst. In dieser Stellung kann von dem Druckknopf nach den anderen Stationen signalisirt werden. Wird das Telephon vom Haken abgenommen, so wird der Hebel c von r abgezogen und durch die Spiralfeder f gegen den auf der Grundplatte g stehenden Ständer a festgedrückt. In dieser Stellung kann nach der anderen Station gesprochen werden. Nach Beendigung der Unterhaltung ist das Telephon wieder an den Haken c anzuhängen.

Es ist nöthig, zur Sicherheit der telephonischen Unterhaltung auf jeder Station zwei Telephone, das eine zum Sprechen, das andere zum Hören zu benutzen, weil es bei Benutzung nur eines Telephons für beide Zwecke leicht vorkommen kann, dass beide Personen gleichzeitig in das Telephon sprechen oder mit demselben hören wollen.

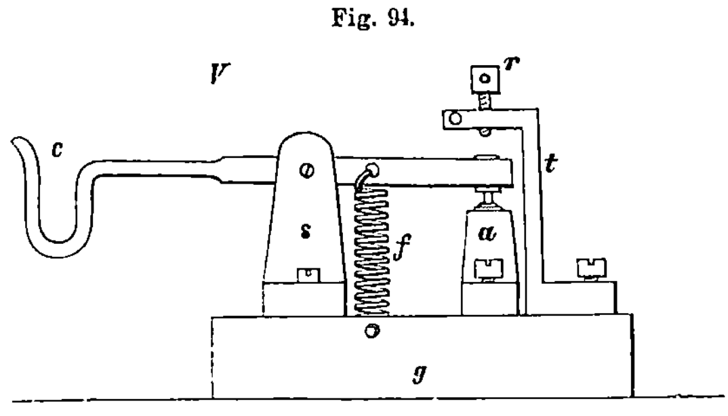

Fig. 94.

Wird als Sprechapparat statt eines Telephons ein Mikrophon angewendet, so ist für das Hören ein Bell-Telephon zu benutzen.

Fig. 95 zeigt die Anlage für zwei Stationen mit Benutzung von nur einer Batterie für das Signalisiren.

T und T_1 sind die Telephone zum Sprechen, H und H_1 die Telephone zum Hören, K und K_1 die elektrischen Klingeln, D und D_1 die Druckknöpfe, A a b, A_1 a_1 b_1 die selbstthätigen Ein- und Ausschalter, an deren in dem Haken gebogenen Hebel die Hörtelephone eingehängt sind, B die Batterie, von deren Kohlepol der Draht an Klingel und Druckknopf in Station I, und von deren Zinkpol der Draht an Klingel und Druckknopf in Station II verbunden ist. L_1 L_2 sind die Leitungsdrähte.

Will Station I mit Station II sprechen, so wird, um Signal zu geben, in I durch Druck auf D Contact bei c hergestellt, der für die Batterie B den Stromkreis herstellt: vom Zinkpol B nach Klingel K_1 durch Leitung L_1 über c zur Batterie zurück. Die Klingel K_1 wird also so lange läuten, als auf D gedrückt wird. Station II giebt zum Zeichen, dass das Signal gehört worden, sein

Signal nach Station I: durch Druck auf D_1 wird bei c_1 Contact und dadurch Stromkreis für die Batterie B hergestellt vom Kohlepol B nach Klingel K über a durch die Achse des Ausschalters und dadurch über L_2 durch Achse des Ausschalters nach a_1 über c_1 zur Batterie zurück. Die Klingel K läutet also so lange, als auf D_1 gedrückt wird. Die Telephone H H_1 werden abgenommen und zum

Fig. 95.

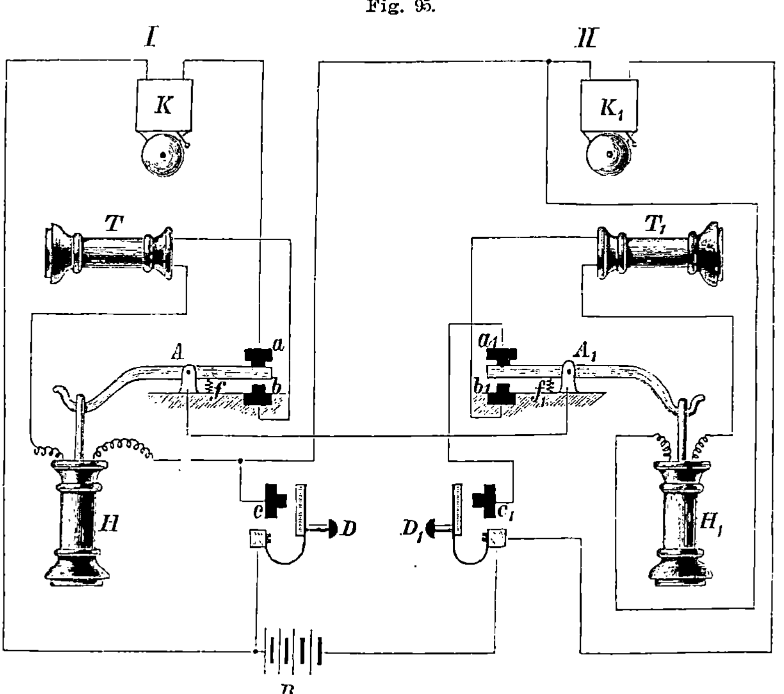

Sprechen die Telephone T und T_1 benutzt. Durch das Abnehmen der Telephone werden die Hebel A und A_1 durch die Spiralfedern f und f_1 auf b und b_1 heruntergezogen und dadurch die Contacte b und b_1 geschlossen. Wird in T gesprochen, so gelangen die dadurch erregten Wellenströme über b durch L_2 zu b_1 von b_1 durch T_1 nach H_1 durch L_1 nach H und zurück nach T. Wird in T_1 gesprochen, so durchlaufen die Wellenströme denselben Weg in umgekehrter Richtung.

Wenn statt der Telephone zum Sprechen Mikrophone

von Ader oder Bell-Blake benutzt werden, so werden dieselben mit Element und primärem Draht der Inductionsrolle mit der Ein- und Ausschaltevorrichtung und der secundäre Draht der Inductionsrolle mit der Leitung verbunden.

Wenn die Entfernung der Stationen eine bedeutende ist, so ist, um die Zahl der Leitungsdrähte zu vermindern, in jeder Station eine Batterie für den Betrieb der Klingeln aufzustellen und die Erde als Rückleiter zu benutzen.

Fig. 96 giebt das Bild einer solchen Anlage.

Fig. 96.

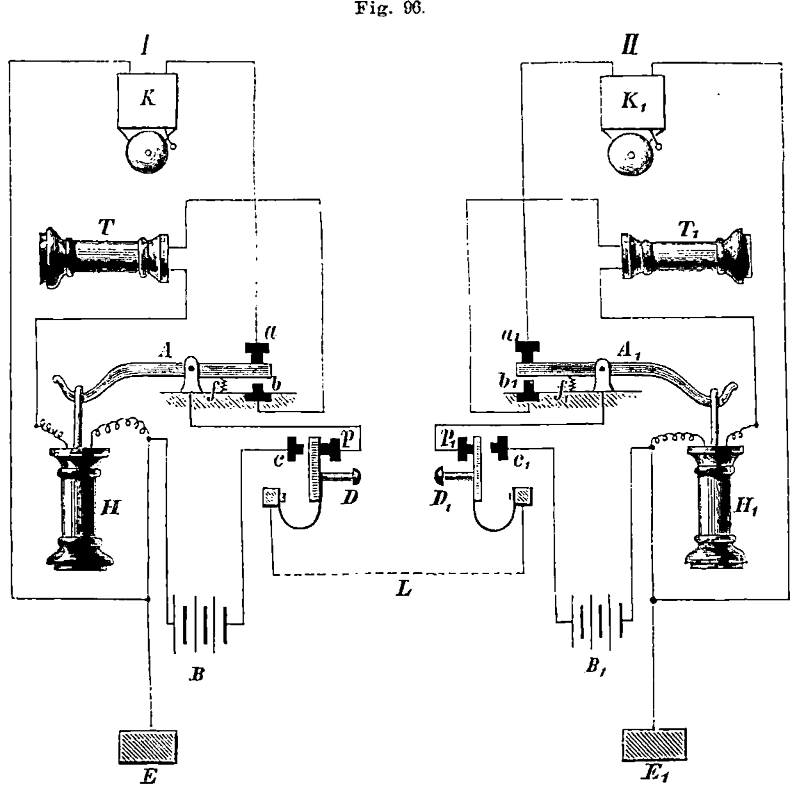

T und T₁ sind die Telephone zum Sprechen, H und H₁ die Telephone zum Hören, K und K₁ die elektrischen Klingeln, D und D₁ die Drückknöpfe, A a b, A₁ a₁ b₁ die selbstthätigen Ein- und

Ausschalter, an deren in den Haken gebogenen Hebel die Telephone H und H_1 eingehängt sind, B und B_1 sind die zum Betrieb der Klingeln nöthigen Batterien, E und E_1 die Platten für Herstellung der Erdleitung, L die frei geführte (oberirdische) Leitung.

Will Station I mit Station II sprechen, so wird in I durch Druck auf D Contact bei c hergestellt, der für Batterie B den Stromkreis herstellt: B c D durch L in Station II nach D_1 p_1 über A_1 und Contact a_1 zur Klingel K_1 und von derselben durch die Erdleitung E_1 E zur Batterie B zurück. Die Klingel K_1 läutet so lange, als auf D gedrückt wird. Station II giebt zum Zeichen, dass das Signal gehört worden, sein Signal nach I zurück. Durch Druck auf D_1 wird Contact bei c_1 und dadurch Stromkreis für Batterie B_1 hergestellt: B_1 c_1 D_1 nach Station I durch L, von hier über p A a (der Drücker D ist nach Geben des Signals losgelassen) zur Klingel K und von derselben durch E E_1 wieder zur Batterie B_1. Die Klingel K läutet so lange, als auf D_1 gedrückt wird. Die Telephone H H_1 werden abgenommen und das Sprechen erfolgt durch die Telephone T und T_1. Durch das Abnehmen der Telephone werden die Hebel A A_1 durch die Spiralfedern f f_1 auf b b_1 heruntergezogen und dadurch die Contacte b b_1 geschlossen. Wird in Station I in T hineingesprochen, so gelangen die dadurch erregten Wellenströme über b p durch Leitung L zu p_1 b_1 und T_1 in das Telephon H_1 und gehen durch E_1 E und Telephon H nach T zurück. In umgekehrter Richtung durchlaufen die Wellenströme denselben Stromkreis, wenn von II nach I gesprochen wird.

Nach Beendigung der Unterhaltung werden die Telephone wieder angehängt und Signal darüber gegeben.

Werden zum Sprechen statt der Telephone Mikrophone Ader oder Bell-Blake benutzt, so sind dieselben, wie vorher angegeben, einzuschalten.

Die deutsche Telegraphen-Verwaltung benutzt folgendes System für die Sprechstellen; das für Privatanlagen mitunter zur Anwendung kömmt.

Fig. 97 zeigt das Aeussere, Fig. 98 das Innere eines solchen Systems.

In einem Schränkchen von polirtem Nussbaumholz sind die Apparate:

Ein- und Ausschalte-Vorrichtung Fig. 98 V,

Spindelblitzableiter Fig. 98 S,

Wecktaste Fig. 98 C

eingesetzt, das Siemens-Telephon zum Sprechen ist horizontal in das Schränkchen eingelassen (Fig. 98 F), so dass nur an der Vorderwand desselben das Mündstück Fig. 97 d herausragt, während das Siemens-Telephon zum Hören Fig. 97 b an dem aus der Vorderwand des Schränkchens heraustretenden Haken Fig. 97 c der Ein- und Ausschaltevorrichtung Fig. 98 V eingehängt und mittels Leitungsschnur mit dem horizontal eingesetzten Telephon verbunden ist. Endlich tritt an der Vorderwand des Schränkchens noch der Knopf Fig. 97 a der Wecktaste Fig. 98 C, auf dessen Druck die Batterie geschlossen und Strom zum Wecker in die Leitung gesendet wird, hervor. Der elektromagnetische Wecker mit Selbstunterbrechung ist mit Schutzkasten e e und Glocke unterhalb des Schränkchens befestigt, die Klemmen: je eine für Leitung, Batterie und Rückleitung (Erde) sind an der Decke desselben angebracht.

Bei jeder Station wird eine Batterie installirt, der Stromlauf zwischen den Stationen ist derselbe wie in Fig. 96.

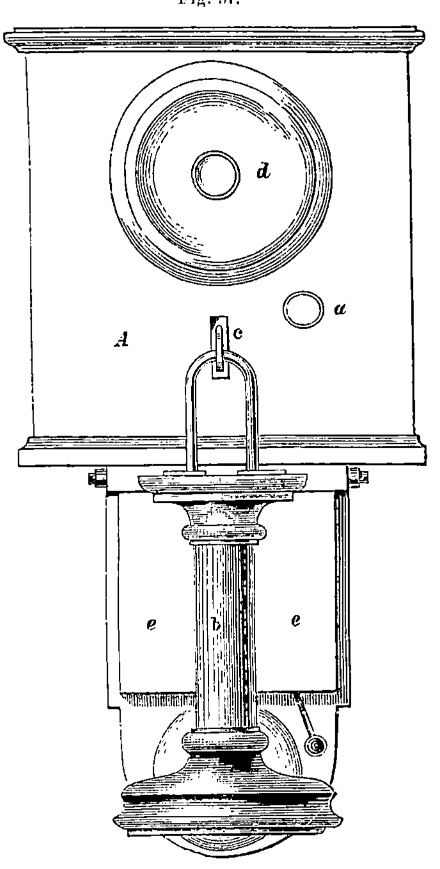

Wird das Telephon zum Sprechen durch ein Mikrophon ersetzt, so wird dieses mit Element und primärem Draht der Inductionsrolle mit der Ein- und Ausschaltevorrichtung, der secundäre

Draht der Inductionsrolle mit der für die Leitung bestimmten Klemme verbunden.

Es erübrigt den Spindelblitzableiter zu beschreiben, da die anderen Apparate dieses Systems in vorigen Abschnitten beschrieben und zum Theil abgebildet sind.

Fig. 98.

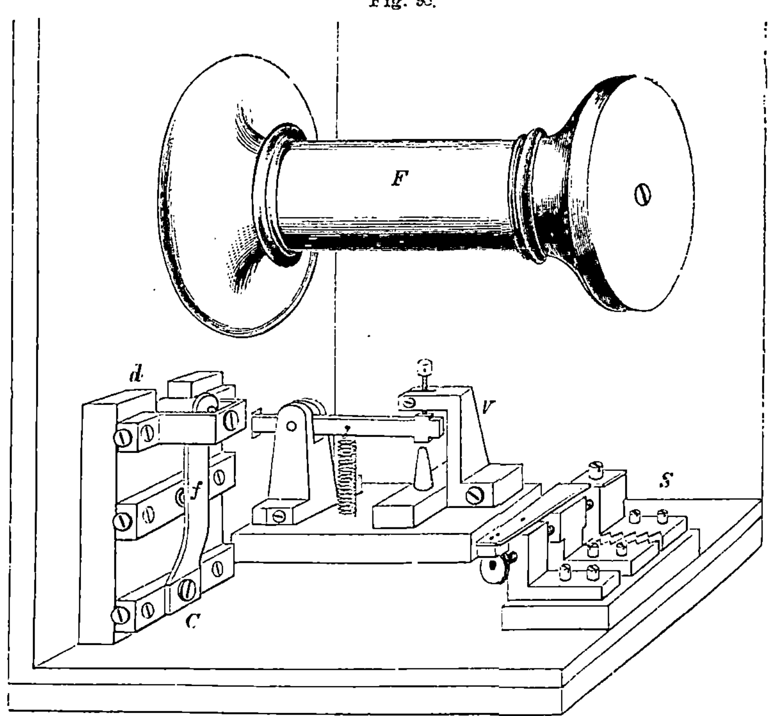

Die nachfolgende Beschreibung ist dem Lehrbuch der Telephonie von Grawinkel (Seite 115) entnommen.

„Der Spindelblitzableiter, in Fig. 99 im Durchschnitt dargestellt, hat den Zweck, die Drahtwindungen der Telephone gegen Ströme der athmosphärischen Elektricität zu schützen.

„Er besteht aus drei rechtwinkelig gebogenen Messingschienen S_1 S_2 S_3, die mit dem einen Schenkel auf der Holzplatte G befestigt sind. Die aufrecht stehenden Enden der Schenkel sind durchbohrt, so dass die aus drei Messingstücken a b c bestehende

oben abgeflachte cylindrische Spindel, deren Theile durch Ebonit-
Zwischenlagen i_1 i_2 von einander isolirt sind, durchgesteckt werden
kann. Das Messingstück b ist an beiden Enden z_1 z_2 abgedreht,
so dass sich daselbst zwei Zapfen von etwas geringerem Durchmesser bilden. Ein mit Seide umsponnener Kupferdraht ist derartig
um die Spindel gewickelt, dass er in dicht nebeneinander liegenden

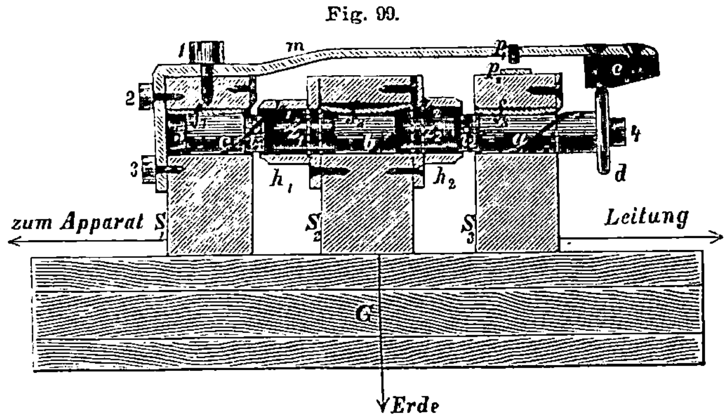

Fig. 99.

Windungen die Zapfen z_1 z_2 umgiebt und sich in die spiralförmigen
Nuthen der Metallstücke a b c einlegt; die beiden Enden des
Drahts sind mit den Messingstücken a c leitend verbunden. Hiernach stehen a und c in leitender Verbindung, während sie von
dem Mittelstück b isolirt sind. Durch die innerhalb der Ausbohrungen
befindlichen Federn f_1 f_2 f_3 wird die innige Verbindung der Theile
a b c mit den Schienen sicher gestellt.

Die Schiene S_1 trägt eine starke federnde Messingplatte M
mit einem Platin-Contact p_1 und am Ende ein abgeschrägtes Ebonit-
klötzchen e. Befindet sich die Spindel nicht in den Schienen, so
liegt Contact p_1 auf Contact p_2 der Schiene S_3 und die Schiene S_3
steht durch die Feder M mit Schiene S_1 in leitender Verbindung.
Wird die Spindel eingesetzt, so drückt die Scheibe d das Klötzchen e
und damit die Feder M in die Höhe, so dass nun die Schienen S_3
und S_1 mittels des Drahts und der Theile a und b in leitender Verbindung stehen. Wenn die Leitung zuerst an Schiene S_3 geführt
wird und von Schiene S_1 weiter zum Telephon, so findet der Strom
ungehindert seinen Weg über S_3, a durch den isolirten Draht zu c
und über S_1 zum Telephon. Strömt jedoch Elektrizität von hoher

Spannung durch die Leitung, so wird der feine Kupferdraht auf den Zapfen z_1 und z_2 abgeschmolzen und der Draht tritt dadurch mit dem Metallstück b in leitende Verbindung. Die Elektrizität wird einerseits von dem Wege zu c hin abgeschnitten, andererseits über S_2, welche Schiene mit der Erdleitung in Verbindung steht, zu dieser und in die Erde abgeleitet. Das Telephon wird demnach vor den Einwirkungen der in die Leitung gelangten atmosphärischen Elektrizität geschützt."

In den meisten Fällen wird das Signal nicht mittels Batteriestrom und elektrischen Klingeln, sondern mittels Inductionsstrom

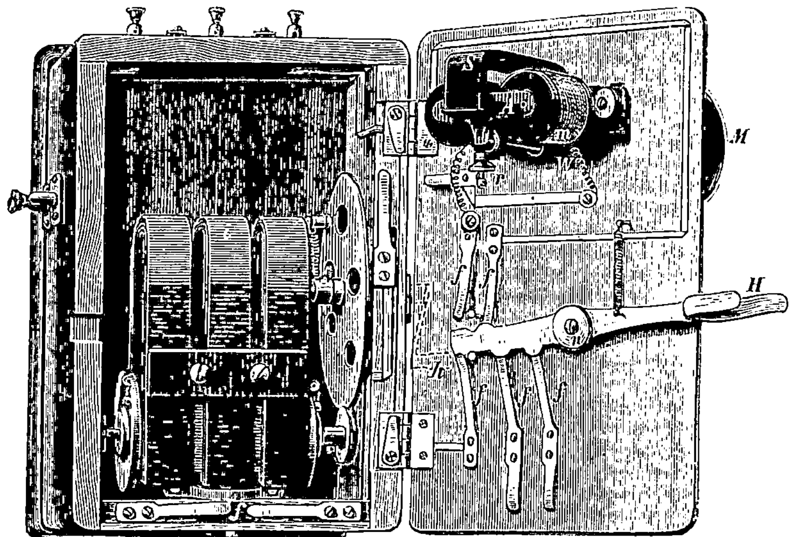

Fig 100

gegeben. Es fallen dann die Unterhaltungskosten der Batterien, sowie Beseitigung etwaiger durch die dieselben bedingten Störungen fort, Faktoren, die bei grösseren Anlagen, deren Betrieb viele Elemente erfordert, ins Gewicht fallen. Als Stromquelle tritt an Stelle der Batterie der Inductor, als Klingel wird ein Inductionswecker benutzt, beide sind mit der Ein- und Ausschaltevorrichtung zur Benutzung einer und derselben Leitung für Signalisiren und Telephoniren in einem Kasten montirt.

Der für diese Zwecke gebräuchliche **Inductor J** Fig. 100 besteht aus einer Anzahl Stahlmagnete in Gusseisenform, die zu einem magnetischen Magazin verbunden sind und zwischen denen ein Cylinder-Anker von weichem Eisen und mit dünnem isolirtem Kupferdraht bewickelt durch eine an der Aussenwand des Kastens befindlichen Kurbel K in rotirende Bewegung versetzt wird; die Umdrehungsgeschwindigkeit des Ankers wird durch Uebertragung mittels Frictionsscheiben beschleunigt.

Der **Inductionswecker W** Fig. 100 resp. 102 besteht aus dem Elektromagnet M auf dessen eiserner Grundplatte der winkelig gebogene Stahlmagnet S befestigt ist. Zwischen den Schrauben r r bewegt sich der Anker A über den beiden Polen des Elektromagnet je nach der Richtung des Inductionsstromes und lässt dadurch den an ihm befestigten Klöppel abwechselnd gegen die Glocken schlagen.

Die **Ein- und Ausschaltevorrichtung** wird aus dem auf der Schraube n beweglichen Hebel H und den mit dem Inductor J und Wecker W verbundenen Schleiffedern f gebildet, der Hebel läuft mit dem aus dem Kasten reichenden Ende in eine Gabel aus, in die das Telephon eingehängt wird.

Zum Sprechen werden Mikrophone, die mit Element und primärem Draht der Inductionsrolle mit der Ein- und Ausschaltevorrichtung verbunden sind (der secundäre Draht der Inductionsrolle geht an die Leitung), als Hörtelephon ein Bell-Telephon benutzt.

Inductor mit Wecker, Telephon und Mikrophon sind auf einem Wandbrett montirt, an dessen unterem Ende ein Schränkchen für das Element zum Mikrophon angebracht ist. Fig. 101.

Wenn die Telephone eingehängt sind, so werden durch Drehen der Kurbel die Inductionswecker zum Läuten gebracht, es läutet stets der Inductionswecker der das Signal gebenden und gleichzeitig der dasselbe empfangenden Station; das gegebene Signal wird zurückgegeben — wieder läuten beide Inductionswecker —, die Telephone werden abgenommen und die Unterhaltung begonnen, nach deren Schluss die Telephone eingehängt und die Signale nach den Inductionsweckern gegeben werden. Fig. 101.

Soll beim Signalisiren etwa noch an einem andern Orte, z. B. zur Controle ein Inductionswecker mitläuten, so ist der

Leitungsdraht von der betreffenden Station nach diesem Wecker zu führen und von demselben dann an die Rückleitung anzuschliessen.

Fig. 101.

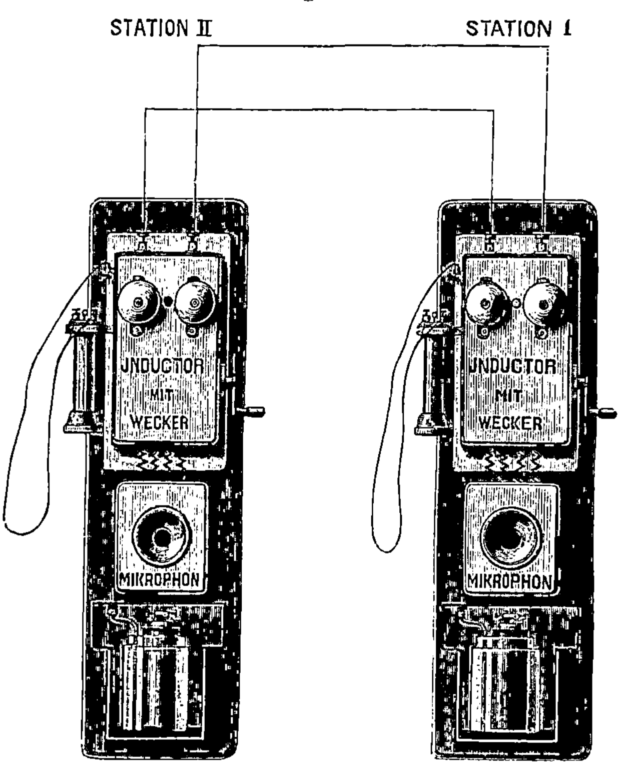

Fig. 102 zeigt einen Inductionswecker.

Bei langen Leitungen benutzt man die Erde als Rückleiter.

Wenn von einem Orte nach mehreren räumlich getrennten Orten, jedoch nicht gleichzeitig, gesprochen werden soll, so kömmt bei der Anlage und Einrichtung der Apparate in Frage, ob von einer Station aus z. B. I die anderen II III IV angesprochen werden sollen, ohne dass diese I ansprechen noch untereinander sprechen können, oder, ob sämmtliche Stationen miteinander sprechen sollen. Im ersteren Falle wird in Station I ausser Wecker, Signalvorrichtung, Telephon und Mikrophon ein Kurbelumschalter mit so vielen Contacten, als Stationen angelegt werden, installirt, während in den einzelnen Stationen nur Wecker, Signalvorrichtung, Telephon und Mikrophon angebracht werden. Es ist für die Anlage gleich, ob deren Betrieb mit Inductionsstrom oder Batteriestrom für die Wecker geschieht; die Rückleitung ist für alle Stationen gemein-

Fig. 102.

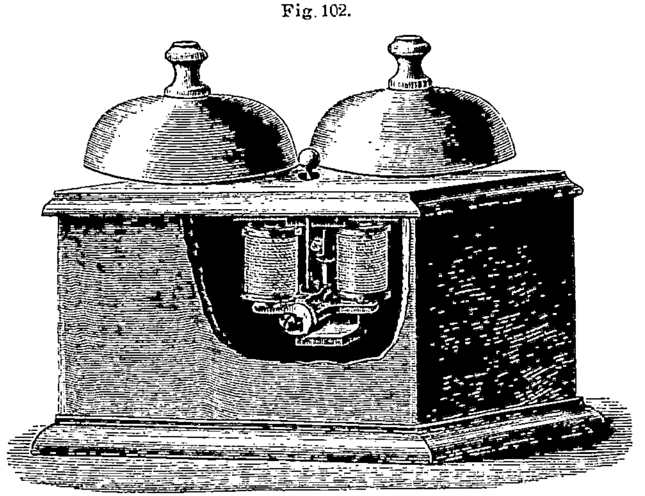

schaftlich, es sind also ausser dieser so viele Leitungsdrähte, als Stationen vorhanden, anzubringen.

Fig. 103 giebt ein Bild solcher Anlage für Betrieb mit Inductionsstrom.

Je nachdem Station I mit einer Station sprechen will, wird die Kurbel des Umschalters K auf den betreffenden Contact gestellt und dadurch die Leitung zu dieser Station verbunden. Dann giebt Station I das Signal nach der Station z. B. Station II, das empfangene Signal wird zurückgegeben, die Unterhaltung begonnen, nach deren Schluss wieder signalisirt und die Kurbel des Umschalters dann auf das isolirte Feld gestellt wird. Bei Betrieb mit Batteriestrom sind in jeder Station für den Wecker zwei Leclanché-Elemente anzusetzen und deren Zahl im Verhältniss zur grösseren Länge der Leitung zu vermehren.

Wenn alle Stationen einer Anlage miteinander sprechen sollen, so ist eine Centralstelle einzurichten, in der sämmtliche Leitungen

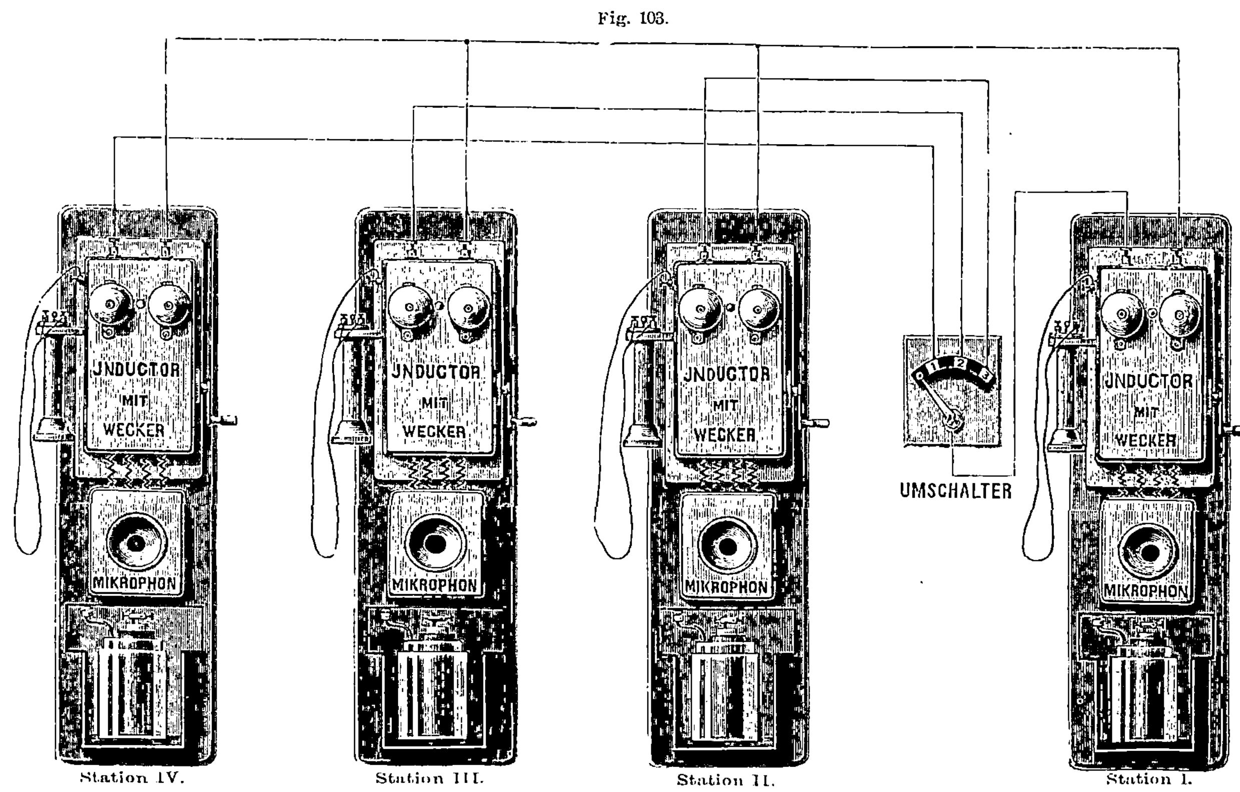

Fig. 103.
INDUCTOR MIT WECKER
INDUCTOR MIT WECKER
INDUCTOR MIT WECKER
INDUCTOR MIT WECKER
UMSCHALTER
MIKROPHON
MIKROPHON
MIKROPHON
MIKROPHON
Station IV.
Station III.
Station II.
Station I.

einmünden. In der Centrale wird dann ausser einer Telephonstation, wie vorher beschrieben, ein Tableau mit Klappen — je eine für jede Station — installirt. Die Klappen bestehen aus einem Elektromagneten, dessen Anker im Ruhezustande die Fallscheibe festhält, die beim Durchgang des Stroms durch den Elektromagneten in Folge der Bewegung des Ankers frei wird und herabfällt; das Tableau dient also als Anzeigeapparat. Unterhalb jeder Fallscheibe befindet sich eine runde Oeffnung zur Aufnahme des Stöpsels einer Leitungsschnur; durch Einstecken der zwei Stöpsel einer Leitungs-

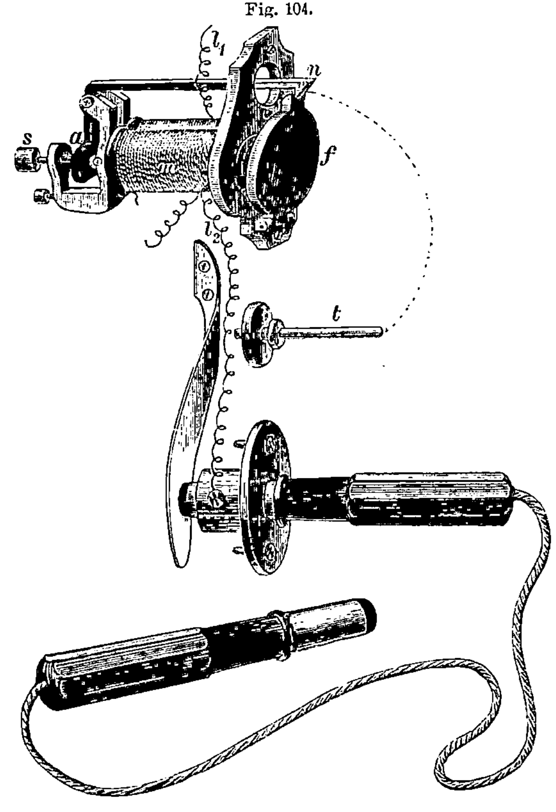

Fig. 104.

schnur in zwei unterhalb von zwei Fallscheiben befindlichen Oeffnungen wird die Verbindung zweier Stationen hergestellt und gleichzeitig die dafür gemeinschaftliche Rückleitung aufgehoben, das Tableau ist also auch ein Schaltungsapparat und wird deshalb Centralumschalter oder Central-Tableau genannt.

Fig. 104 giebt das Bild einer solchen Klappe.

Der Elektromagnet m der Klappe ist an eine Messingplatte angeschraubt, an deren vorderer Seite die Fallscheibe f in das Häkchen n des Ankers eingreift. Der Anker a ist auf den Polenden des Elektromagneten befestigt und mittels Schraube s in seiner Stellung regulirbar. Durchfliesst der Strom den Elektromagneten, so wird der Anker angezogen, dadurch rückt der Haken n hoch, lässt die Fallscheibe frei, so dass sie herabfällt. Der Draht l_1 des Elektromagnet ist mit der Leitung verbunden, während l_2 an die unterhalb der Klappe befindliche Messingbuchse und von dieser durch die aufliegende Neusilberfeder an die Rückleitung verläuft. Durch Einstecken des einen Stöpsels der Leitungsschnur in die Buchse wird die Verbindung mit der Rückleitung aufgehoben und eine neue Verbindung hergestellt durch Einstecken des anderen Stöpsels der Leitungsschnur in die unter einer andern Klappe befindliche Buchse. Die Fallscheibe fällt auf den Stift t und kann dieser und der Körper der Klappe als Contact für Einschaltung einer elektrischen Klingel benutzt werden. Diese Klingel wird dann so lange läuten, als die Fallscheibe auf dem Stift aufliegt, wenn sie nicht vorher durch einen Ausschalter abgestellt wird. Es empfiehlt sich die Einschaltung einer elektrischen Klingel dann, wenn in dem Raume, wo das Tableau angebracht ist, nicht immer Jemand zur Bedienung desselben anwesend ist.

Die Construction der Klappen ist gleich für Betrieb mit Inductionsstrom oder Batteriestrom, nur soll der Widerstand der Elektromagnete für Induction ca. 200 S. E., für Batteriestrom nur ca. 40 S. E. betragen.

Fig. 105 zeigt eine Centralstelle für 10 Stationen mit Betrieb von Inductionsstrom.

Will Station 2 mit Station 8 sprechen, so muss Station 2 zunächst die Centralstelle benachrichtigen. Dies geschieht durch Drehen der Kurbel des Inductor in Station 2, worauf im Central-Tableau Klappenscheibe 2 herabfällt. (Ist ein elektrischer Wecker eingeschaltet, so läutet derselbe.) In der Centralstelle wird der Stöpsel der herabhängenden Leitungsschnur in die unter 2 befindliche Messingbuchse eingesteckt, dadurch die Telephonstation eingeschaltet und nach 2 angefragt, mit welcher Station Verbindung gewünscht wird. Auf die Antwort mit Station 8 wird Klappe 2 mit Klappe 8 durch die Stöpsel einer Leitungsschnur verbunden, nachdem vorher der Stöpsel der herabhängenden Leitungsschnur aus 2 entfernt ist, und Station 2 benachrichtigt, dass die Verbindung mit Station 8 hergestellt ist. Die Fallscheiben 2 und 8 werden hochgestellt. Ist die Unterredung zwischen Station 2 und 8 beendet, so melden dies beide nach der Centralstelle durch Drehen

der Kurbel der Inductoren und es fallen dadurch beide Fallscheiben
2 und 8 im Central-Tableau gleichzeitig herab; dieselben werden
hochgestellt, die Stöpsel der Leitungsschnur aus den Messingbuchsen
herausgenommen und dadurch die Verbindung zwischen Station 2
und 8 aufgehoben.

Fig. 105.

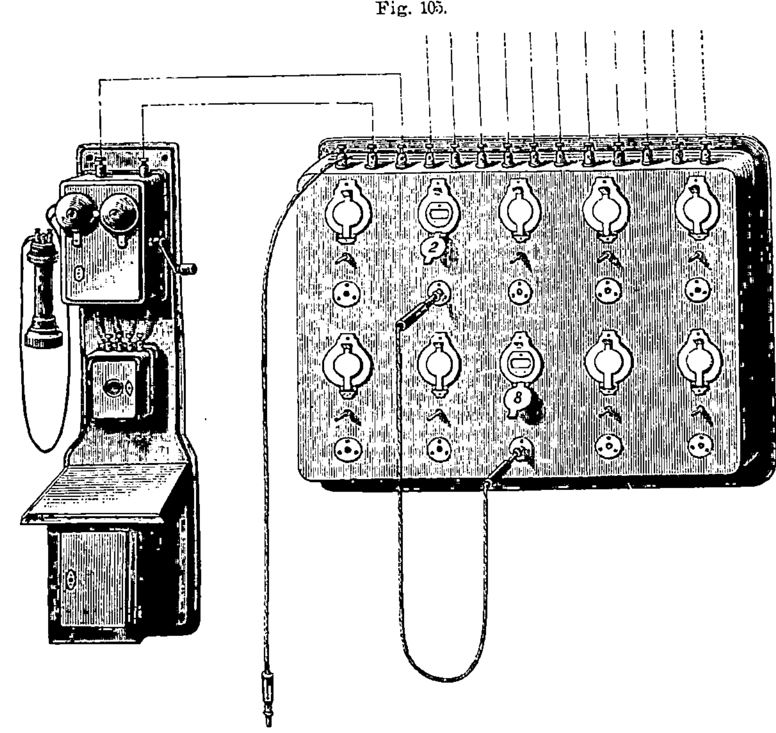

Wird eine solche Anlage mit Batteriestrom betrieben, so sind
in jeder Station mindestens fünf Elemente aufzustellen, weil durch
die Verbindung der Leitungen für zwei Stationen der Strom durch
zwei Elektromagnete des Tableau in der Centralstelle und des
Elektromagneten des Weckers der angerufenen Station durchgeht.

IV. Abschnitt.

Anlage und Einrichtung.

Die Anlage von Haustelegraphen und Telephonie soll unter Berücksichtigung der Anforderungen der Auftraggeber zweckmässig und bequem sein. Es lässt sich darüber keine für alle Fälle passende Anweisung geben, es können nur die aus Erfahrung gewonnenen Grundsätze angegeben werden; auch die zur Verfügung stehenden Mittel kommen in Betracht. Ist über das Prinzip der Anlage eine Einigung erzielt, so ist, wenigstens bei complicirteren Systemen, eine Skizze der mit Telegraphenleitungen zu versehenden Lokalitäten herzustellen, um hiernach ein Schema für die Anlage auszuarbeiten. Ein solches Schema sollte man sich bemühen stets in der Weise anzufertigen, dass es die wirkliche Anlage mit allen Einzelheiten möglichst getreu darstellt; dasselbe erleichtert den mit der Ausführung betrauten Personen nicht nur ganz bedeutend ihre Arbeit, sondern trägt auch viel dazu bei eine correcte Herstellung zu sichern, abgesehen davon, dass die Arbeit nach einem guten Schema schneller und deshalb billiger auszuführen ist. Von unschätzbarem Nutzen ist aber das Schema für den unorientirten Arbeiter bei der Ausführung von Reparaturen, die ohne ein solches meistens unverhältnissmässig viel mehr Zeit in Anspruch nehmen. Darum ist auch nach der Ausführung der Anlage das Schema für eventuelle Reparaturen aufzubewahren. Solchen Leuten, die das Legen von Telegraphenleitungen nur als Nebenbeschäftigung treiben, ist anzurathen, sich in schwierigeren Fällen vor der Ausarbeitung des Schemas behufs Auskunft an einen Sachverständigen zu wenden oder sich von einem solchen das Schema ausarbeiten zu lassen.

Für jede Anlage ist das einfachste und zweckmässigste System zu wählen. Bei Anlage von Haustelegraphen in Wohnungen bis zu sechs Zimmern wird man ohne Tableau auskommen können und nur 2 Klingeln benutzen, zu der einen die Leitung für den Eingang, zu der andern die von den Zimmern legen und für den Fall, dass beide Klingeln in einem Raume angebracht werden, Klingeln mit Glocken von verschiedener Klangfarbe wählen, damit man beim Läuten hört, von wo aus Contact erfolgt ist; von den Zimmern kann durch verabredete Zeichen die Klingel in verschiedenen Intervallen läuten.

Bei grösseren Wohnungen werden Tableaux nöthig, weil sonst der Dienst erschwert würde; die einzelnen Klappen des Tableaux sind dann so zu vertheilen, dass nicht für jedes Zimmer eine Klappe benutzt wird, sondern mehrere zusammenliegende Zimmer zu einer Klappe gelegt werden, selbstverständlich ohne dadurch die Uebersichtlichkeit und den Dienst zu erschweren. Bei solcher Anordnung werden Zahl der Leitungen und Klappen des Tableau eingeschränkt, ein Factor, der bei nicht reichlich bemessenen Mitteln für die Ausführung der Anlage von Bedeutung ist. Für Anlagen in Hôtels ist hauptsächlich die Hausordnnng für den Dienst maassgebend; in kleinen Hôtels wird man mit einem Tableau und Klingel, das im Eingangsflur angebracht wird, auskommen, in grossen Hôtels wird ausser Tableau mit Klingel in jeder Etage Controle-Tableau beim Portier nöthig sein, wenn nicht die Einrichtung dahin getroffen wird, dass die Leitungen jeder Etage bezw. jedes Gebäudeflügels eine Anlage für sich bilden, das Controle-Tableau fortfällt und der Dienst zwischen Etagen und Portier durch Anwendung von Telephonen erfolgt. Ebenso müssen Anlagen für Bureaux, grosse Etablissements, Fabriken etc. den jedesmaligen Ansprüchen angepasst werden.

Das Legen der Leitungen ist stets von dem von den Apparaten (Klingel, Tableau etc.) entferntesten Contact zu beginnen und der allgemeinen Uebersicht wegen der Leitungsdraht vom Zinkpol der Batterie an die Apparate, der vom Kohlepol an die Contacte zu verbinden.

Eine jede Anlage erfordert eine Batterie, was wohl eine kleine, nicht ausgedehnte Anlage vertheuert. Wenn aber sämmtliche Wohnungen eines Hauses mit Klingeln etc. eingerichtet werden, dann ist für das ganze Haus nur eine Batterie nöthig, es werden dann die Leitungen von den Polen der Batterie durch die Etagen hoch geführt und für jede Etage von der Hauptleitung abgezweigt.

Die Zahl der Elemente für jede Anlage hängt ab von der Zahl der auf jeden Contact gleichzeitig arbeitenden Apparate, und zwar sind für Betrieb einer Klingel zwei, für zwei gleichzeitig läutende Klingeln oder Tableau mit 1 Klingel drei Elemente anzuwenden.

Bei Telephon-Anlagen wird man zumeist den Betrieb mit Inductionsstrom dem mit Batteriestrom vorziehen, weil die Kosten für Anschaffung, Beaufsichtigung und Unterhaltung der Batterie dann fortfallen. Bei Anlagen von mehreren Stationen wird dann festzustellen sein, ob man mit Schaltung, wie Seite 121 angegeben, auskömmt oder eine Centralstelle einrichten muss.

Die Anordnung der ausgewählten Apparate hängt viel von den Localverhältnissen ab. Dem Tableau giebt man einen solchen Platz, dass die gerufenen Personen auf ihrem Wege zu den Zimmern möglichst an demselben vorbeipassiren, ohne deswegen einen Umweg machen zu müssen; ferner ist zum Ablesen der Tableau-Nummern eine gute Beleuchtung nöthig und darf das Tableau der bequemen Abstellung wegen nicht zu hoch gehängt werden. Die Klingel bringt man oft über dem Tableau an, doch ist dieser Gebrauch durchaus nicht maassgebend. Im Allgemeinen sollen Klingeln immer so angebracht werden, dass ihr Ton am sichersten das Ohr des Gerufenen trifft. Die Klingeln möge man stets recht hoch hängen, damit der Klöppelhebel derselben nicht fahrlässigen, muthwilligen oder böswilligen Verbiegungen ausgesetzt ist; aus diesem Grunde sind solche Klingeln, bei welchen der Klöppel ganz verdeckt ist, entschieden vorzuziehen. Ist die Mauer feucht, und wird eine Klingel mit Gusseisengestell angewendet, so ist es rathsam, das Klingelgestell von der Wand durch Gummipfropfen zu isoliren. Die Knöpfe in den Zimmern werden meistens auf Brusthöhe an der Wand neben dem Thürpfosten befestigt, jedoch kann man denselben je nach der geforderten Bequemlichkeit der sie anwendenden Personen jede gewünschte Stellung geben.

Sämmtliche Apparate werden, wenn keine Holzwand vorhanden ist, an in die Mauer eingegipsten Holzdübeln durch Schrauben befestigt. Beim Eingipsen der Dübel verfährt man folgendermaassen: Nachdem man in die Steinwand ein Loch gemeisselt hat, in welches der Dübel, ein viereckiges oder rundes, hinten etwas dickeres Stück Holz, leicht hineinpasst, feuchtet man die innere Wandung der Oeffnung an, setzt den Dübel hinein und füllt den freibleibenden Raum mit nicht zu flüssigem, frisch angerührtem Gips an. Ehe die Apparate angeschraubt werden, muss der Gips getrocknet sein.

Zur Aufstellung der Batterie wählt man gern unbewohnte Räume, z. B. Kammern, Closets u. s. w. Natürlich darf, um nicht unnöthigerweise Leitungsdraht zu verschwenden, die Batterie nicht zu weit entfernt von den übrigen Apparaten aufgestellt werden.

Um dieselbe vor äusseren Störungen zu bewahren, ist sie in einen stabilen Schrank einzuschliessen.

Als Leitungsdraht im Inneren der Gebäude wird Kupferdraht von 0,9—1 mm Stärke mit Guttaperchabezug und mit Baumwolle besponnen angewendet. Solcher Draht kann in Neubauten in den Putz eingelegt und verputzt werden. In fertiggestellten Räumen wird Kupferdraht 0,9—1 mm mit farbiger Baumwolle besponnen und mit Wachs getränkt benutzt, man giebt dem Draht möglichst die Farbe der Tapete oder Malerei, damit die Leitungen so wenig wie möglich ins Auge fallen. In feuchten Räumen (Kellereien etc.) bedient man sich des besponnenen Guttaperchadrahts, der ausserdem mit Asphaltlack gestrichen oder getheert ist; in heissen, trockenen Räumen ist Kupferdraht mit asphaltirter oder gewachster Baumwolle doppelt besponnen, in Räumen mit permanenter Ausdünstung von heissen Dämpfen verzinkter Eisendraht 2—3 mm stark anzuwenden. Leitungsdrähte, die in fertigen Räumen gelegt werden, sind an der Wand mit verzinnten Eisenstiften zu befestigen, indem man den Draht einmal um den Stift herumschlingt, der letztere darf aber nicht so fest eingeschlagen werden, dass der Draht dadurch beschädigt wird. Die einzelnen Drähte müssen etwa einen Centimeter von einander entfernt bleiben, und nie sind die Eisenstifte gedrängt bei einander einzuschlagen. Allenthalben, wo die Drähte Metallkörper, wie z. B. Gasröhren passiren, thut man gut, ihre Isolation noch durch Unterlegen von Holz oder Guttapercha zu sichern. Will man die Arbeit des Anstiftens der Drähte ersparen und sie in einem Bündel befestigen, so darf dasselbe nur in gut verzinnten Haken aufgehängt werden; man hat aber zu bedenken, dass die erstere Befestigungsweise die Uebersichtlichkeit der Leitung bedeutend erhöht, was namentlich bei vorkommenden Reparaturen sehr erwünscht ist. Für Durchführungen von Leitungsdrähten durch das Mauerwerk oder Balkenlagen empfiehlt es sich, jeden einzelnen Draht mit Guttaperchapapier zu umwickeln. Sind Drahtverbindungen herzustellen, so hat man die Drahtenden gut zusammenzuflechten und dann mit erwärmten Guttaperchapapier zu isoliren. Prinzipiell sollte man den die Anlage ausführenden Leuten untersagen, die bloszumachenden Enden der Drähte durch ein Messer oder einen Schaber von der Umspinnung zu befreien, denn sehr leicht bekommen die Drähte hierdurch Brüche, die zu späteren

Störungen Veranlassung geben; die Umspinnung der Drahtenden ist durch die Flamme zu zerstören. Die Oese eines anzuschraubenden Drahtendes muss so gebogen werden, dass ihre Windung mit der Bewegung der Schraube, also nach rechts gehen muss. Alle Schrauben, die zu Drahtverbindungen dienen, sollten ungeölt eingeschraubt werden, weil manche Oelsorten Säuren enthalten, die dann als Elektrolyte dienen, Metalle auflösen und somit eine starke Oxydation veranlassen; wenn auch gute Oelsorten diese Eigenschaft nicht besitzen, so ist es doch besser, die Anwendung von Oel ganz zu verbieten, da unzuverlässige Arbeiter erfahrungsmässig in Ermangelung eines passenden Oeles zum ersten besten Oel greifen, welches ihnen in der Haushaltung zur Verfügung gestellt wird. Auch soll das Schmieren von beweglichen Apparattheilen, wie z. B. der Abstellstangen möglichst ganz unterbleiben, da sich das angewendete Oel mit der Zeit verdickt und dann ein Stehenbleiben der betreffenden Mechanismen zur Folge hat; bei Anwendung von Triebwerken ist natürlich ein gelegentliches Schmieren der Zapfen nothwendig, was aber nur mit Uhrenöl vorgenommen werden sollte.

Bei der Anwendung von Birnenknöpfen und Telephonen sind die metallischen Zuführungen, durch die öftere Bewegung derselben sehr dem Brechen ausgesetzt, es eignen sich darum die gewöhnlichen Leitungsdrähte nicht für diesen Zweck, sondern man wendet hier meistens Leitungsschnüre an. Es werden zwei Sorten dieser Schnüre fabrizirt. Die eine Sorte besteht aus einem Seil ganz dünner Kupferdrähte, welches mit Baumwolle oder Seide umsponnen ist. Die andere Sorte, die sogenannte Goldfädenschnur besteht aus mit feinen Messinglitzen bewickelten Fäden, die zur Isolation nochmals umsponnen werden. Die letztere Sorte ist viel weniger zu empfehlen als die erstere, weil die Messinglitzen mit der Zeit an vielen Stellen brechen und dann die metallische Verbindung ganz aufhört oder doch eine unvollkommene wird.

Oberirdische Leitung.

Besteht eine Telegraphen-Anlage streckenweise auch aus Leitungen, die im Freien — oberirdisch — geführt werden müssen, so ist als Leitungsdraht verzinkter Eisendraht von 2,5—3 mm Stärke, der an Isolatoren befestigt wird, zu verwenden. Die Verbindung dieser Drähte mit den im Innern der Gebäude verlaufenden ist an dem ersten Isolator für jeden Draht vorzunehmen und die Verbindungsstelle zu löthen; es empfiehlt sich bei Durchführung der isolirten Leitungsdrähte durch die Mauer ein Ebonitrohr einzulegen, um jedem etwa durch das Mauerwerk entstehenden Nebenschlusse vorzubeugen.

Die Herstellung oberirdischer Leitungen ist schwieriger und verlangt mehr Umsicht und Sachkenntniss, als die der Hausleitungen. Weil der Eisendraht nicht mit isolirenden Substanzen überzogen angewendet wird, erfordert die Herstellung der Isolation grosse Sorgfalt. Da Temperaturveränderungen und Stürme auf den Zustand dieser oberirdischen Leitungen einen grossen Einfluss ausüben, und da die letzteren in den meisten Fällen mehr als Hausleitungen muthwilligen, fahrlässigen und böswilligen Störungen ausgesetzt sind, so ist bei denselben auf grosse Festigkeit und Dauerhaftigkeit zu sehen.

Die Isolatoren bestehen aus Glocken von Porzellan oder Hartglas, die mittelst eingekitteter eiserner Stützen an die Stangen geschraubt werden. Fig. 106 zeigt die Ansicht eines solchen Isolators mit seiner Stütze, Fig. 107 den Querschnitt des Isolators. Wird an der Stange

Fig. 106　　　　　　Fig. 107.

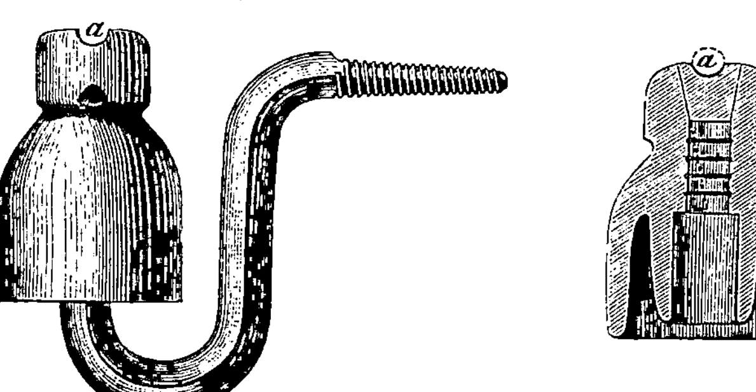

nur ein Leitungsdraht angebracht, so befestigt man den Isolator oft mittels einer einfachen geraden Stütze oben auf der Spitze der Stange. Man hat demselben diese Form gegeben, um gegen störende Stromableitungen möglichst gesichert zu sein, denn vom Regen angefeuchtete Porzellanglocken leiten immer einen kleinen Theil des Stromes in die Erde ab, was bei beträchtlicher Länge der Leitung zur Folge hat, dass nur ein Bruchtheil des Stromes an der

9*

bestimmten Station anlangt. Die in der Figur dargestellte Form des Isolators lässt nur ein Nasswerden des äusseren Mantels zu. Der Eisendraht wird entweder oben auf dem Isolator oder in dessen Einkerbung befestigt. Die Isolatoren werden zweckmässig vor dem Eingraben der Stangen an denselben befestigt.

Als Träger der Isolatoren und der Leitung dienen fast ausnahmslos Stangen aus Tannen-, Fichten- oder Kiefernholz. Um dieselben gegen Fäulniss in der feuchten Erde zu schützen, kohlt man das untere, in die Erde reichende Ende der Stange an oder bestreicht dasselbe mit Theer oder wendet noch besser beide Verfahren zugleich an. Eine absolute Sicherheit gegen Fäulniss ist zwar hierdurch nicht geboten; weit bessere Resultate erzielt man mit Stangen, die mit Hülfe besonderer Einrichtungen mit Lösungen von Kupfervitriol, Chlorzink u. s. w. imprägnirt sind.

Die Stangen werden bei einer Entfernung von ca. 70 Meter von einander ungefähr 1,5 m tief in die Erde eingegraben. Ist der Boden kein fester, so hat man, namentlich wenn ein seitlicher Drahtzug vorhanden ist, die untersten sowie die obersten, hauptsächlich den Druck aufnehmenden Punkte der Stange durch mit eingegrabene Steine oder Holzabschnitte zu sichern. Nöthigenfalls greift man auch zur Verstrebung oder Verankerung der Stange. Dies geschieht namentlich dann, wenn die Leitung starke Krümmungen macht, durch welche der Drahtzug sehr vergrössert wird. Die Letzteren sind übrigens, da sie die Stabilität der Stangen stets bedrohen, möglichst zu vermeiden, ebenso wie die die Isolation gefährdende Anpflanzungen. Die Strebe, bestehend aus einem Stangenabschnitt, wird an derjenigen Seite der Stange angebracht, gegen welche der Drahtzug gerichtet ist; dieselbe wird gegen einen in die Erde gegrabenen Stein gesetzt und einige Meter hoch an der Stange vernagelt oder verschraubt; ein Verzapfen der Strebe in der Stange ist nicht rathsam, weil die letztere dadurch geschwächt wird. Die Verankerung geschieht von der entgegengesetzten Seite der Stange, indem man zusammengedrehte Leitungsdrähte einerseits an der Stange und andrerseits in der Erde an einem Stein oder Holzabschnitt oder an einem sonstigen festen Gegenstande befestigt.

Nachdem die Stangen mit den daran befestigten Isolatoren festgesetzt sind, wird der Leitungsdraht ausgerollt und neben die Stangenlinie hingelegt, worauf das Verbinden und Verlöthen der

Drahtenden vorgenommen wird. Die grösste Sicherheit der Verbindung bietet die in Fig. 108 dargestellte Würgelöthstelle; nachdem die Drahtenden auf diese Weise zusammengedreht sind, wird die Stelle mittelst Löthwasser durch Eintauchen in flüssiges Löthzinn verlöthet. Dann wird ein Ende des Drahtes um eine Stange

Fig. 108.

geschlungen und derselbe durch eine Drahtwinde gereckt, um die Festigkeit der Verbindungen zu prüfen und etwaige Verbiegungen des Drahtes zu beseitigen. Das Festhalten desselben geschieht durch eine Froschklemme.

Hierauf wird die Befestigung des Leitungsdrahtes an den Isolatoren vorgenommen. Kommt der Draht oben auf dem Isolator zu liegen, so gebraucht man zum Festbinden desselben zwei Eisendrähte, dieselben werden, wie Fig. 109 zeigt, um die Einkerbung des Isolators gelegt, an beiden Seiten zusammengedreht und, nachdem sie den in der oberen Nuthe ruhenden Leitungsdraht überkreuzt haben, zu beiden Seiten des Isolators um den Leitungsdraht geschlungen. Soll der letztere aber seitwärts befestigt werden, so wendet man nur einen Bindedraht an, mit dem man dann in einfacherer Weise den Leitungsdraht an der Einkerbung festbindet. Läuft die Stangenlinie in einer geraden Richtung fort, so kann man den Draht oben auf dem

Fig. 109.

Isolator anbringen, bei Winkeln und Curven der Linie ist der Draht aber stets an der Seite zu befestigen und zwar so, dass die Glocke innerhalb des durch den Draht gebildeten Winkels liegt. Als Bindedraht dient ein ausgeglühter Eisendraht von 2 mm Stärke. Da der Leitungsdraht mit der Temperatur auch seine Länge ändert, so muss man demselben einigen Durchhang geben und zwar um so mehr, bei je wärmerer Temperatur die Arbeit ausgeführt wird; würde der Draht zu straff gespannt werden, so könnte er bei Eintritt von kalter Witterung in Folge der Zusammenziehung des Metalles reissen.

Werden an einer Stange mehrere Leitungen angebracht, so muss die Entfernung von je zwei Leitungsdrähten ca. 30 cm betragen. Soll die Stange an jeder Seite Leitungsdrähte aufnehmen, so befestigt man die Isolatoren alternirend zu einander so, dass nie zwei Leitungen von der Erde aus gleiche Höhe haben; es ist dies nöthig wegen der Bewegung der Drähte durch den Wind, welche bei grösserem Durchhange der Drähte ziemlich beträchtlich werden kann.

Bei oberirdischen Leitungen sind die Apparate gegen die zerstörenden Wirkungen der atmosphärischen Elektricität durch Blitzableiter zu schützen. Ausreichend zu diesem Zweck haben

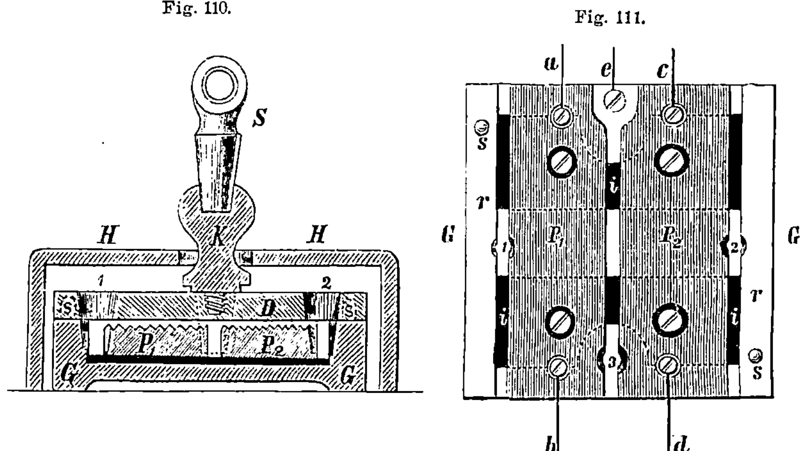

Fig. 110.

Fig. 111.

sich Plattenblitzableiter bewährt. Fig. 110 zeigt einen solchen im Durchschnitt, Fig. 111 in Ansicht nach abgehobenem Deckel.

Auf der gusseisernen Grundplatte G sind von dieser durch Ebonitunterlagen i isolirt zwei ebenfalls gegossene, auf der oberen Seite gariefte Platten P_1 P_2 befestigt. Der gusseiserne Deckel D, an der Unterseite quer gerieft, wird durch die in die Grundplatte eingelassenen zwei Stifte s s festgehalten. Die Leitungsdrähte werden an den Platten P_1 P_2 bei a und c befestigt und von b und d aus an die Apparate geführt, von der Grundplatte wird bei e ein Draht zur Erde geführt. In dem Holzknopf K des Deckels steckt ein messingener Stöpsel S, welcher eingesteckt in das Loch 3 (in Fig. 110 punktirt angedeutet) kurzen Schluss zwischen P_1 und P_2 herstellt, dagegen a bezw. c mit e verbindet, wenn er in das zwischen P_1 bezw. P_2 und dem Rande der Grundplatte bei r vorhandene kegelförmige Loch 1 bezw. 2 eingesteckt wird. Nach der Zahl der oberirdischen Leitungen sind auch die Plattenblitzableiter zu bemessen und je nachdem 1, 2, 3 etc. Leitungen geführt sind die Blitzableiter für entsprechende Leitungen anzuwenden.

Unterirdische - oder Kabelleitung.

Innerhalb bewohnter Orte sieht man aus mancherlei Gründen von oberirdischen Leitungen ab und wendet Kabel als Leitung an. Kabel besteht aus Guttaperchadraht von 1—1,5 mm Stärke des Kupferdrahts, der mit Jutegarn und getheertem Band umwickelt und mit Blei umpresst ist, sogenanntes Bleikabel. Je nach der Anzahl der Leitungen sind 1—7 Guttaperchadrähte mit Jutegarn besponnen und gemeinschaftlich mit getheertem Band umwickelt und mit Blei umpresst zu einem Kabel hergestellt, so dass für jede Anlage nach der Anzahl der Leitungen das passende Kabel gewählt werden kann. Diese Kabel werden in die Erde gelegt und zwar ca. 75 cm tief. Ausser diesen erst seit einigen Jahren in Deutschland fabrizirten Kabeln finden die Erdkabel Anwendung, die gleichfalls aus Kupferdraht mit Guttaperchaüberzug, Jute und Hanfbespinnung als Isolirung bestehen, aber noch mit Armatur von ca. 18 verzinkten 2 mm starken Eisendrähten ausgerüstet sind; die Armatur ist häufig noch mit getheertem Jutegarn überzogen. Solche Kabel werden mit 1, 3, 4, 5 und 7 Leitungen hergestellt und kann die Armatur als Rückleiter benutzt werden. Bei Einlegen des Kabels in die Erde ist zu beachten, dass dasselbe ohne Spannung eingelegt und scharfe Biegungen vermieden werden; auch empfiehlt es sich an Stellen, wo das Kabel die Erde verlässt, dasselbe zum Schutz gegen Beschädigungen in ein Eisenrohr zu legen. Die Verbindungen der Leitungsdrähte mit den Leitungen (Adern) des Kabels sind sorgfältig auszuführen, die Verbindungsstellen mit erwärmten Chatterton compound mehrfach zu bestreichen, mit erwärmtem Guttaperchapapier und dann mit der getheerten Band- oder Hanflage des Kabels zu umwickeln. Diese Verbindungen sind stets im Innern des Gebäudes auszuführen, also das Kabel bis dahin zu führen.

Wird bei Anlagen zwischen räumlich weit auseinander gelegenen Orten die Erde als Rückleiter benutzt, so ist der Herstellung der Erdleitung die grösste Sorgfalt anzuwenden. Es sind Platten von Kupfer oder Zink in Stärke von 2 mm und Flächeninhalt von 1 Quadratmeter, die mit der Leitung durch Drahtseil von Kupferdrähten oder verzinkten Eisendrähten verlöthet werden, in das Grundwasser einzulegen; statt der Platten kann auch ein Drahtring von verzinkten Eisendrähten oder von Kupferdraht benutzt werden. Wenn auf jeder Station die Leitung mit dem feuchten Erdreich in inniger, gut leitender Verbindung steht, so wirkt die zwischen diesen Verbindungsstellen vorhandene feuchte Erde wie eine oberirdisch geführte Drahtleitung.

Für Anlagen im Innern der Gebäude die Gasleitung oder Wasserleitungsrohre als Rückleitung (Erde) zu benutzen, empfiehlt sich wegen des zu hohen oder veränderlichen Widerstandes an den Verbindungsstellen der einzelnen Theile nicht.

V. Abschnitt.

Ueber Betriebsstörungen.

Die bei Haustelegraphen vorkommenden Betriebsstörungen könnte man eintheilen in solche, die nicht vorauszusehen sind und die auch bei den besthergestellten Einrichtungen vorkommen können, und in solche, die durch mangelhaft oder falsch angelegte Leitungen, durch schlechte Apparate oder durch unzweckmässige Schaltung der Batterie bedingt sind. Es kommt oft vor, dass ein schlecht eingerichteter Telegraph im Anfange bei frisch angesetzter Batterie zur vollsten Zufriedenheit functionirt; sobald aber die Stromstärke etwas nachlässt, machen sich die verschiedenen Mängel der Leitung durch Betriebsstörungen bemerkbar. Anstatt dann an der Hand dieser störenden Erscheinungen eine gründliche Revision der ganzen Anlage vorzunehmen, sucht man sich nur zu oft durch Hinzuschalten von Elementen, Nachlassen der Ankerfedern u. s. w. zu helfen. Der Grund davon ist natürlich nur in dem Umstande zu suchen, dass die die Anlage sowie die Reparaturen ausführenden Arbeiter sehr oft nicht im Stande sind, die Ursachen der Störungen zu erkennen und die Schuld einfach auf die angebliche Unzuverlässigkeit des Systems oder der elektrischen Telegraphen überhaupt schieben. Daraus resultirt auch einzig und allein nur die eigenthümliche Unsicherheit, die man oft bei aufmerksamer Beobachtung bei diesen Leuten antrifft; sie gehen mit dem beklemmenden Gefühl an die Arbeit, den Ursachen der Störung nicht systematisch nachgehen zu können; ist es ihnen endlich gelungen, nach langem planlosen Suchen die Störung zu beseitigen, so haben sie noch nicht immer die Ursache derselben erkannt und begnügen sich damit, den Telegraph wieder zum vorübergehenden Funktioniren gebracht zu haben, um in kurzer Zeit auf's Neue repariren zu müssen.

Ein Haustelegraph erfordert bei rationeller Anlage nur selten Reparaturen. Sowohl aber, wie zur Herstellung eines neuen Telegraphen, namentlich eines solchen von complicirter Einrichtung nur intelligente und geschulte Leute verwendet werden sollten, so können auch Reparaturen nur von solchen ausgeführt werden, und es ist ein verhängnissvoller und kostspieliger Irrthum, wenn man glaubt, die Beseitigung von Betriebsstörungen dem weniger befähigten, lernenden Arbeiter zuweisen zu können.

Es lassen sich keine bestimmten Anweisungen über die Ausführung von Reparaturen geben. Oft erkennt der geübte Arbeiter auf den ersten Blick, wo der Fehler liegen kann; ist dies nicht der Fall, so ist zuerst die Batterie zu untersuchen und darf namentlich nicht die etwaige Zunahme des innern Widerstandes ausser Acht gelassen werden. Nöthigenfalls ist mittelst des Galvanometers die Leitung partienweise auf Leitungsfähigkeit zu prüfen.

Wenn die Leitungen gelegt sind, so ist zur Feststellung, dass kein Fehler durch falsche Verbindungen oder Beschädigung der Drähte vorgekommen, nach Ansetzen der Batterie ein Galvanometer in einen von derselben abgeführten Draht einzuschalten. Erfolgt kein Ausschlag der Nadel des Galvanometer, so sind die von der Batterie abgeführten Drähte intact, erfolgt ein Ausschlag der Nadel, so haben diese Drähte mit einander Verbindung, die aufgesucht und beseitigt werden muss, soll nicht die Batterie in kürzester Zeit durch den permanenten Schluss aufgebraucht und dadurch die Anlage ausser Betrieb gesetzt werden.

Selten kommen Fehler in den Apparaten: Klingeln, Klappen des Tableau etc. vor. Sind Batterie und Leitungen fehlerfrei und die

Klingel arbeitet nicht, dann ist dieselbe an der Batterie auf Stromdurchgang zu untersuchen, um festzustellen, ob der Fehler an den Platin-Contacten der Unterbrechungsvorrichtung oder in den Drahtumwickelungen des Elektromagneten oder in den Drähten vom Elektromagneten zu den Polklemmen der Klingel liegt. Die Platin-Contacte können durch Staub etc. isolirt oder durchgebrannt, die Drähte des Elektromagneten beschädigt sein; es müssen solche Klingeln reparirt werden, worauf sie wieder leistungsfähig sind.

Häufiger sind die Störungen, die in den Leitungsdrähten vorkommen und ihren Grund in Einwirkung äusserer Ursachen auf die Leitungsdrähte, z. B. Einschlagen von Haken etc. zwischen oder in die Drähte, Zerschlagen derselben durch bauliche- oder Renovationsarbeiten haben. Solche Störungen markiren sich dadurch, dass entweder die ganze Anlage oder nur ein Theil derselben ausser Betrieb gesetzt ist, oder mehrere Apparate gleichzeitig arbeiten, die jeder für sich nur auf bestimmte Contacte arbeiten sollen, oder dass Apparate, ohne dass Contact gemacht wird, in Thätigkeit sind. Zur Feststellung und Beseitigung derartiger Störungen ist vorerst die Batterie zu untersuchen, ob deren Elemente nicht zu hohen Widerstand aufweisen oder gar erschöpft sind, ob dies nur einzelne oder alle Elemente betrifft. Dazu reicht der Seite 28 beschriebene Batterieprüfer Fig. 17 aus. Elemente mit zu hohem Widerstand oder geringen bezw. keinen Nadelausschlag gebend sind neu zu füllen. Ist die Batterie in Ordnung und sämmtliche Apparate funktioniren trotzdem nicht, dann ist entweder nur ein oder es sind beide Drähte, die von der Batterie an die Contacte und Apparate geführt sind, unterbrochen. Es ist dann sorgfältig der Verlauf der Batteriedrähte zu verfolgen und der Fehler zu beseitigen.

Ist nur ein Theil der Anlage ausser Betrieb gesetzt, dabei die Batterie in Ordnung resp. in Ordnung gebracht worden, so kann die Leitung vom Contact zum Apparat unterbrochen oder die betreffende Leitung in Berührung mit dem von der Batterie zum Apparat geführten Draht gekommen sein. Im ersteren Falle ist vom Contact nach dem Apparat ein Leitungsdraht zu legen und der vorhandene aus dem Contact zu entfernen. Tritt bei Schluss des Contacts dann der Apparat in Thätigkeit, so bleibt, wenn der interimistisch gelegteLeitungsdraht nicht definitiv eingeschaltet werden soll, übrig die Stelle der Unterbrechung zu bestimmen. Es kann ferner, wenn für Betrieb der Anlagen in den Wohnungen eines Hauses eine Batterie benutzt wird, vorkommen, dass beispielsweise die Anlage in einer Etage nicht funktionirt, während die Anlagen in den übrigen Etagen in Ordnung sind. Der Fehler liegt dann in Unterbrechung der Abzweigung von den Batteriedrähten in der betreffenden Etage. Wenn Leitung vom Contact zum Apparat in Berührung gekommen ist mit dem von der Batterie zu diesem Apparat geführten Drahte, dann muss man den Draht von der Batterie zum Apparat in seinem Verlaufe absuchen und an der fehlerhaften Stelle die Abhülfe vornehmen.

Sind mehrere Leitungsdrähte untereinander in Berührung gekommen, dann werden auf einen Contact gleichzeitig die Apparate ansprechen, die durch den Leitungsschluss verbunden sind; es werden z. B. auf einen Contact zwei oder mehrere Klingeln gleichzeitig läuten oder zugleich mehrere Klappen im Tableau fallen, die sonst einzeln auf zugehörige Contacte arbeiten sollen. Es sind dann die Contacte zu revidiren, besonders wenn in der Anlage etwa Druck- oder Zugknöpfe, die ausser der Contactfeder für die Batterieleitung noch zwei Contactfedern für auszuschaltende Leitungen aufweisen, angebracht sind, weil durch Berührung solcher Federn, die auseinander liegen sollen, der Fehler erklärt und demnach leicht zu beseitigen ist. Ist dies der Grund für die Fehlerquelle nicht, dann sind die betreffenden Leitungen abzusuchen und, entzieht sich auch dabei die fehlerhafte Stelle der Feststellung, dann bleibt nichts übrig, als einzelne Leitungen zu erneuern.

Wenn Apparate arbeiten, ohne dass Schluss im Contact gemacht wurde, so sind die Leitungen von der Batterie zum Contact und vom Contact zum Apparat in Berührung gekommen. Liegt dieser Fehler im Contact selbst, weil der Drücker eines Druckknopfs oder die Zugstange eines Zugknopfs festgeklemmt ist und dadurch die Contactfedern zusammenliegen, so ist er schnell und leicht zu beseitigen; liegt der Fehler im Verlauf der Leitungen, so sind diese zu untersuchen und die aufgefundenen schadhaften Stellen wieder sorgfältig von einander zu isoliren.

Bei oberirdischen Leitungen kommen Ableitungen zur Erde vor, die durch Springen der Porzellanglocken oder durch Herabfallen der Leitungsdrähte auf die Stützen oder Stangen veranlasst werden; auch reissen mitunter die Drähte, abgesehen von den Störungen, die durch Stürme verursacht werden. Befinden sich mehrere Leitungen auf der Stange, so können dieselben durch hinaufgeworfene Gegenstände untereinander in Verbindung treten.

Bei Telephon-Anlagen können Störungen, die in Fehlern der Apparate begründet sind, vorkommen und zwar im Telephon, Mikrophon, Inductor mit Wecker. Es kann beim Telephon der Magnet seinen Magnetismus verloren haben oder die Drahtrolle schadhaft geworden sein. Ersteren Fehler untersucht man, indem das Telephon nach abgeschraubtem Deckel nach unten gehalten wird, fällt dabei die Eisenmembran ab, so ist der Magnet zu schwach geworden. Letzteren Fehler stellt man fest, wenn man den Inductor in Betrieb setzt, während man das Telephon an das Ohr hält; hört man dabei kein Geräusch, so ist die Drahtrolle schadhaft geworden. Wird statt Inductor Batteriestrom angewandt, so verbindet man die Pole des Elements mit dem Telephon und unterbricht zeitweise eine der Verbindungen, man muss dabei im Telephon das Geräusch der Unterbrechung hören, sonst ist die Drahtrolle schadhaft geworden.

Bei Mikrophonen Bell-Blake können die Contacte durch Staub verunreinigt, die Verbindungen von der Inductionsrolle lädirt sein, Fehler, die man durch den Augenschein erkennen und leicht beseitigen kann. — Versagt der Inductor, so stelle man fest, ob der Fehler in ihm oder im Wecker liegt. Man entferne die Leitungsdrähte aus den Klemmen, verbinde beide Klemmen durch einen Draht und setze den Inductor durch Drehen der Kurbel in Betrieb; arbeitet dabei der Wecker, so ist dieser und der Inductor fehlerfrei, arbeitet der Wecker nicht, so liegt der Fehler im Wecker oder im Inductor. Um dies festzustellen, entferne man die Telephonschnur aus der hinteren Klemme, verbinde erstere mit der Feder, die die Verbindung mit dem isolirten Platinstück der Inductorumwindungen herstellt, und drehe die Kurbel langsam; hört man dabei ein Geräusch im Telephon, so ist der Inductor intact und der Wecker schadhaft. Es sind ferner die Verbindungen vom Anker des Inductor zu der Ein- und Ausschaltevorrichtung zu untersuchen. Ergeben sich die Apparate als fehlerfrei, dann ist die Störung in der Leitung begründet und es ist dann ebenso zu verfahren, wie bei der Untersuchung von Störungen in Haustelegraphen angegeben wurde.

Sachregister.